蔬菜常用农药环境风险评估

于 洋◎等 著

U0349102

中国农业科学技术出版社

图书在版编目（CIP）数据

蔬菜常用农药环境风险评估 / 于洋等著 . — 北京：中国农业科学技术出版社，2021.5

ISBN 978-7-5116-5231-7

Ⅰ.①蔬… Ⅱ.①于… Ⅲ.①蔬菜—农药施用—安全风险—评估 Ⅳ.① S436.3

中国版本图书馆 CIP 数据核字（2021）第 049735 号

责任编辑	王惟萍	
责任校对	贾海霞	
责任印制	姜义伟　王思文	
出 版 者	中国农业科学技术出版社	
	北京市中关村南大街 12 号　邮编：100081	
电　　话	（010）82106643（编辑室）　（010）82109702（发行部）	
	（010）82109709（读者服务部）	
传　　真	（010）82106643	
网　　址	http://www.castp.cn	
经 销 者	各地新华书店	
印 刷 者	北京建宏印刷有限公司	
开　　本	710mm×1 000mm　1/16	
印　　张	11.25	
字　　数	170 千字	
版　　次	2021 年 5 月第 1 版　2021 年 5 月第 1 次印刷	
定　　价	68.00 元	

《蔬菜常用农药环境风险评估》

著者： 于　洋　　张丽丽　　郑玉婷　　林　军

卢　玲　　张　杨　　张瀚心　　杨　力

马　燕　　杨　琨　　滕晓明

前　言

    我国是蔬菜生产和消费大国，蔬菜是除粮食作物外栽培面积最广、经济地位最重要的作物，是人们膳食结构中不可缺少的重要食物。蔬菜在种植过程中病虫害种类多，危害日益严重。近年来，病虫的抗药性不断增加，新的病虫害持续出现，次要病虫害上升为主要病虫害时有发生，农药成为蔬菜生产中的刚性需求。据统计，目前蔬菜上已经取得农药登记的制剂近9 000种，农药的大量使用可能会导致农药残留，使用不当还会污染环境。

    风险评估是农药科学管理的基本技术手段，其目的是筛选出对生态环境和人体健康存在或可能存在风险的农药，建立优先控制农药目录并加以管控。风险评估不仅要考虑农药的固有危害特性，也要考虑农药暴露情况，如农药固有毒性较大，但如果没有暴露，则没有风险。发达国家开展了大量农药风险评估研究，并应用于各国农药的管理当中。我国农药风险评估起步较晚，风险评估技术仍没有得到系统、科学的应用。由于历史原因，我国现行的农药管理制度单纯依靠对药效、毒理、环境、残留等试验报告的技术评审，尚未对蔬菜常用农药进行系统全面的风险评估。因此，应用环境风险评估技术开展蔬菜常用农药风险评估，科学表征农药对地表水、地下水和非靶标生物的风险，建立环境优先控制农药名录，对农药的科学管理以及从源头上减少其对环境和人体健康产生的负面作用意义重大。

    本书依托"十三五"国家重点研发计划"化学农药在我国不同种植体系的归趋特征与限量标准"课题"农药减量模型及其应用基础"（2016YFD0200208）完成。本书旨在通过识别蔬菜生产中常用农药的固有危害特性，推算农药在环境中的安全阈值，运用暴露评估模型和监测数据等开展农药暴露评估，采用商值法和证据权重法等对农药潜在环境风险进行系统评估，明确蔬菜常用农药对生态环境和非靶标生物的潜在环境风险，探索建立蔬菜优先控制农药名录，以期为我国蔬菜用药风险管理提供参考。

本书内容是生态环境部固体废物与化学品管理技术中心相关研究人员分工执笔撰写。本书共7章，由于洋统稿，林军、卢玲负责全书的审核。其中，第1章由于洋、张瀚心执笔；第2章由张丽丽、马燕执笔；第3章由于洋、杨力执笔；第4章由郑玉婷、张杨执笔；第5章由于洋、滕晓明执笔；第6章由于洋、杨琨执笔；第7章由于洋执笔。感谢农业农村部农药检定所姜辉老师、陶传江老师、张楠老师对蜜蜂风险评估技术方法、地下水风险评估技术方法以及农药特性等方面的指导和有益讨论。中国农业科学院植物保护研究所郑永权研究员对本书内容提出了宝贵修改建议，在此一并感谢。

在编写本书过程中，我们朝乾夕惕、慎终如始，力求语言简练、层次清楚，激发读者的研究兴趣，使读者能够对蔬菜常用农药风险评估有初步了解，以期为我国蔬菜用药风险管理提供一定的参考。

由于时间仓促，加之我们学术和认知水平有限，书中难免存在疏漏甚至学术观点的偏颇，恳请广大读者批评指正。

于　洋

2021 年 4 月

缩 略 词 表

缩略语	英文全称	中文全称
ADI	Acceptable Daily Intake	每日允许摄入量
ATSDR	Agency for Toxic Substances and Disease Registry	美国有毒物质与疾病登记署
BCF	Bioconcentration Factor	生物富集因子
EC	European Commission	欧盟委员会
EC_{50}	Effective Concentration 50%	半数抑制浓度
EEC	Environmental Exposure Concentration	环境暴露浓度
EFSA	European Food Safety Authority	欧洲食品安全局
EHC	Environmental Health Criteria	环境卫生基准
EPA	Environmental Protection Agency	美国环保署
EPPO	European and Mediterranean Plant Protection Organization	欧洲与地中海地区植物保护组织
GESTIS	Databases on Hazardous Substances	有害物质数据库
GHS	Globally Harmonized System of Classification and Lablling of Chemicals	全球化学品统一分类和标签制度
GLP	Good Laboratory Practice	良好实验室规范
HSDB	Hazardous Substance Data Base	美国国家医学图书馆有害物质数据库
HTS	High-Throughput Screening	高通量
ICSC	International Chemical Safety Card	国际化学品安全卡
IFA	Institute for Occupational Safety and Health of the German Social Accident Insurance	德国社会意外保险职业安全与健康研究所
ILO	International Labor Organization	国际劳工组织
IPCS	International Programme on Chemical Safety	国际化学品安全规划署
Koc	Soil Adsorption Coefficient	土壤吸附系数
Kom	Organil Matter Adsorption Coefficient	有机质吸附系数
Kow	N-octanol-water Partition Coefficient	正辛醇－水分配系数
LC_{50}	Lethal Concentration 50%	半数致死浓度
LD_{50}	Lethal Dose 50%	半数致死剂量
LOCs	Levels of Concern	关注水平
LOEC	Lowest Observed Effect Concentrations	最低可观察效应浓度
MRL	Maximum Residues Limits	最大残留限量
MRLs	Mininal Risk Levels	最低风险水平
NIOSH	National Institute Occupational Safety Health	美国职业安全与健康研究所
NLM	National Library of Medicine	美国国立医学图书馆
NOEC	No Observed Effect Concentration	无观察效应浓度
$NOEC_b$	No Observed Effect Concentration in Bird	鸟类无观察效应浓度

缩略语	英文全称	中文全称
OECD	Organisation for Economic Co-operation and Development	经济合作与发展组织
PAN	Pesticide Action Network	农药行动组织数据库
PANNA	Pesticide Action Network North America	北美农药行动组织
PDSs	Pesticide Data Sheets	农药数据表
PEC	Predicted Environmental Concentration	预测环境浓度
PEC_{gw}	Predicted Environmental Concentration in Underground Water	地下水中的预测环境浓度
PEC_{sw}	Predicted Environmental Concentration in Surface Water	地表水中的预测环境浓度
PEC_{sw-h}	Predicted Environmental Concentration in Surface Water of High Risk Assessment	高级风险评估地表水中的预测环境浓度
PED_{acute}	Predicted Exposure Dose Acute	急性预测暴露剂量
PED_{bee}	Predicted Exposure Dose in Bee	蜜蜂预测暴露剂量
$PED_{short-term}$	Predicted Exposure Dose Short-term	短期预测暴露剂量
$PNEC$	Predicted No Effect Concentration	预测无效应浓度
$PNEC_b$	Predicted No Effect Concentration in Bird	鸟类的预测无效应浓度
$PNEC_{gw}$	Predicted No Effect Concentration in Underground Water	地下水中的预测无效应浓度
$PNEC_s$	Predicted No Effect Concentration in s	参考《化学物质风险评估导则》（征求意见稿）推导的预测无效应浓度
$PNEC_{sw}$	Predicted No Effect Concentration in Surface Water	地表水中的预测无效应浓度
$PNEC_{sw-h}$	Predicted No Effect Concentration in Surface Water of High Risk Assessment	高级风险评估地表水中的预测无效应浓度
$PNEC_x$	Predicted No Effect Concentration in x	水生生物的预测无效应浓度，x 由具体物种名称表示
$PNED_{bee}$	Predicted No Effect Dose in Bee	蜜蜂预测无效应剂量
PubMed	—	文献服务检索系统
$QSAR$	Quantitative Structure Activity Relationships	定量结构活性关系
RCR	Risk Characterisation Ratios	风险商值
RQ	Risk Quotient	风险商
RQ_b	Risk Quotient in Bird	鸟类风险商
RQ_{bee}	Risk Quotient in Bee	蜜蜂风险商
RQ_{gw}	Risk Quotient in Underground Water	地下水风险商
RQ_{sw}	Risk Quotient in Surface Water	地表水风险商
RQ_{sw-h}	Risk Quotient in Surface Water of High Risk Assessment	高级风险评估地表水风险商
SAICM	Strategic Approach to International Chemicals Management	国际化学品管理战略方针
SSD	Species Sensitivity Distribution	物种敏感性分布
UNEP	United Nations Environment Programme	联合国环境规划署
WHO	World Health Organization	世界卫生组织

目　　录

第1章
农药环境风险评估基本概念及技术方法

1.1 农药环境风险评估的必要性

我国农药环境污染严重，风险评估是识别和控制农药健康及环境不良影响的重要手段。我国是农药生产、进出口和使用大国，截至 2014 年 12 月 31 日，我国已登记农药产品共 31 813 个，其中正式登记产品 30 758 个、临时登记产品 1 055 个，农药年生产量达 140 多万 t（折百），使用量 30 余万 t（折百），均居世界首位。据统计，我国农药平均施用量为 0.9kg/ 亩（1 亩 $\approx 667m^2$，15 亩 =1hm^2），全国有 1 亿余亩耕地遭受不同程度的农药污染，直接威胁人体健康。另据工信部数据，2010 年我国农药使用量达到 234 万 t，而有效利用率仅为 30% 左右，散失的农药可能对土壤、地表水、地下水环境造成严重污染，还可能对蜜蜂、鸟类、家蚕、蚯蚓、鱼类等生物带来严重危害。据第一次全国污染源普查公报，目前我国主要污染源排放量中，包括农药在内的农业生产排放的污染物已经远超过工业和生活源，成为污染源之首。在我国中东部省份，农药过量施用已经造成水体环境富营养化。农药污染环境的同时也对人体健康带来威胁，大量高风险农药的不当使用已经对我国局部地区人群健康构成威胁，在我国多个省份的母乳样品中均已检测出滴滴涕、六六六等有机氯农药。农药对环境和健康的风险具有隐藏性、长期性和分散性，是农业生产过程中自觉或不自觉产生的，大量高风险农药正持续对生态系统、食品安全、人体健康构成更久远、难以预料和不可逆转的潜在影响，给我国环境安全和人体健康带来巨大隐患。科学合理地评估农药的健康和环境风险并提出有效的防控措施和策略是当前亟待解决的问题。

我国农药风险评估起步较晚，对其认识不足。当前，尽管政府、企业界和科研单位逐渐认识到不合理使用农药带来的健康及环境问题的严重性，开始加大力度推进农药风险评估研究，完善风险评估制度及标准体系建设，但当前我国农药风险评估仍面临一些问题。首先是对农药风险评估认识不足。目前我国农药管理工作正处于从"注重药效"向"注重风险"转变阶段，多年来对于"药效"达标即允许登记的传统认识已经不能满足农药管理的需要。其次是错误地认为"低毒"农药就是"低风险"农药。根据我国现有标准，农药的毒性一般根据急性毒性终点值的大小进行划分，这样会导致一些低毒，但具有致癌、致突变和生殖毒性等慢性毒性的农药被错误地划归为低毒农药范畴。还应注意的是低毒农药如果应用范围广、暴露量大，则风险可能也会很高，所以单纯地通过毒性指标衡量农药是否安全显然是不合适的。

我国农药风险评估技术体系虽已初见雏形，但是尚未在农药登记管理中大范围应用。目前，我国取得农药登记的产品约有4万种，因历史原因，部分已登记农药未进行系统全面的风险评估，而每年还有数千个新产品申请登记，"老产品"再评价和新产品审批工作量巨大，农药风险评估进度远远不能满足农药登记管理的需要。

我国农药风险评估科研能力不足，基础性研究相对薄弱。首先是农药危害和暴露信息缺乏。尽管我国农药登记数量持续增加，但其中大多数农药的危害信息缺乏，农药使用情况和地域分布信息不清，农药向环境中释放的情况不清，环境介质中农药的污染情况不明，较为系统和深入的农药健康及环境风险评估工作开展较少，无法为科学的农药管理提供充足的依据。其次是我国从事农药风险评估的科研机构十分缺乏，农药危害性测试能力相对不足，在多环境介质中的暴露情况及归趋机理研究较少，农药预测模型研究相对落后、技术创新性不足都是亟须解决的问题。再次是暴露场景文件构建尚存在不足，如我国颁布的 NY/T 2882.6—2016《农药登记环境风险评估指南　第 6 部分：地下水》推荐使用 China-Pearl 模型，但其内嵌的蔬菜种类仅有马铃薯 1 个品种，且内嵌的场景点相关参数仅能代表北方旱田，不能用于预测南方旱田，因此该模型在预测其他种类蔬菜用药暴露浓度或预测南方旱作用药区域的地下水暴露浓度时存在局限性。最后是过于关注残留膳食风险，而对农药潜在的环境和健康风险评估关注不足。如某些具有内分泌干扰特性的农药，可能因其残留量较低而被误认为风险也较低，但其仍会长期滞留在环境中而对人体健康和生态环境造成潜在深远的影响。

我国高关注农药风险评估进展缓慢，尚没有建立优先控制高风险农药目录。由于环境中的农药类污染物数量众多，对人类健康的危害程度差异性大，不同暴露场景下的农药风险也不同，现有的管理手段不足以对每种进入环境中的污染物都进行有效监管。因此，在开展农药风险评估的基础上，优先选择对人类健康和环境危害大、暴露范围广的污染物作为优先管控对象是一种有效解决环境问题的科学策略。美国是国际上较早开展环境优先控制污染物研究的国家之一，1978 年美国正式提出了 65 类有毒物质名单，随后其他一些国家和组织，如日本、欧盟、苏格兰等国家和组织也根据各自国家的环境污染状况开展了环境优控污染物的研究工作。我国优控污染物研究工作起步较晚，1989 年原国家环境保护局发布了"水中优先控制污染物黑名单"，包括 68 种污染物，随后各省市也相继出台了各种污染物优控清单。但是，我国农药风险评估进展缓慢，优先控制高风险农药目录亟须建立。

1.2　农药风险评估基本概念及过程

农药风险评估是农药管理的基石。农药的风险包括对人体健康和环境的影响，通常是指某一特定暴露下农药对人或环境产生不利影响的概率。

风险由危害和暴露共同决定，危害是指农药内在特性在暴露情况下对人类或环境造成的不良影响，如果一种高危害农药的暴露不会发生，风险则不会存在。

　　农药风险评估的过程主要分为危害性识别、剂量—效应关系、暴露评估和风险表征 4 个步骤（图 1.1）。危害性识别就是对一种农药的内在特性造成的不利影响的识别。当农药暴露于人体和环境时才可能引起损害，因此农药的危害应该区别于农药的风险。农药危害性识别的关键在于收集数据并评估某种农药可能引起的健康影响和环境破坏程度。对人类的健康影响主要包括急性中毒、亚慢性毒性和癌症等，生态危害主要包括致死效应，如引起鱼类、蜜蜂或鸟类的死亡。一旦识别出农药的危害特性，则应该估算剂量—效应关系，并根据不同的暴露场景开展暴露评估。

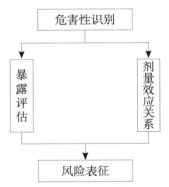

图 1.1　农药风险评估程序

　　瑞士医学家 Paracelsus 提出 "The dose makes the poison"。所谓剂量，就是接触或暴露化学物质的量，如 mg/kg、mg/L。所谓剂量—反应 / 效应关系，是指接触或暴露农药的量与生物出现某种反应或效应之间的关系。通常来说是估算农药暴露程度和毒副作用或环境损害之间的定量关系，但是个别时候并不能获得可靠的定量精度。如果某种农药产生不同的毒性效应，可能会发现不同的剂量—效应关系。例如，某种农药高含量短期暴露可能产生急性毒性效应，但是低含量长期暴露可能会诱发癌症。

一旦农药被施用到田间，可以通过测算暴露浓度来评估其对人类健康或者环境体系造成的影响。这包括暴露于某种农药下的人类种群和区域环境的性质及规模、暴露程度以及暴露时间等。由于农药的使用具有分散性和不确定性，再加上人种体质间的差异，区域地理环境的多样性，例如，气候条件（温度、湿度、风速和降水等）、水文条件（湖泊、河流的不同稀释因子）、地质情况（土壤类型）以及生态系统结构和功能差异等，农药的暴露评估往往具有不确定性。在农药健康风险评估中，通常统计不同暴露途径以测定每日人体总摄入量，用 mg/（kg BW·d）表示。但是在农药环境风险评估中，并不是单独预测环境浓度或每日总摄入量，而是对区域环境水体、土壤和大气中的暴露剂量进行复杂地推导（图 1.2）。

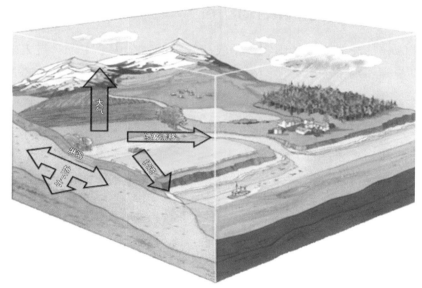

图 1.2　农药多环境介质暴露途径概念图

风险表征是由于农药实际或估算的暴露，对人类种群或环境介质可能造成不利影响的发生和严重程度的评估。风险表征要考虑危害性识别、暴露评估、剂量—效应分析 3 个步骤的所有假设、不确定性和科学判断。风险商值往往表达为 *PEC/PNEC*。当 *PEC* 大于 *PNEC* 时，农药具有风险。事实上，风险评估并不是精确的，因为预测环境浓度和人群实际暴露浓度并不能精确地获得，即使能够获得试验数据，不同的科学家也会基于自己的认知对相同的数据得出不同的结论。因此，只能通过一种程序化的方式评估农药的风险，并对农药风险进行排名，这种排名有利于我们比较不同农药间的相对风险。农药风险管理的目的就是减少、限制和淘汰高风险农药的使用，因此精确的风险评估并不必要。

当高风险农药被识别出后，风险管理就显得尤为重要。风险管理是政府部门的决策过程，需要权衡政治、社会、经济和技术信息及农药风险的相关信息，制定科学有效的管理办法，并且为农药潜在的健康或环境危害选择合适的管理方法。

1.3 国内外农药风险评估及技术方法

风险评估起源于发达国家，是农药管理的一个中心主题。过去的几十年间，美国、加拿大等发达国家均不同程度地开展了大量农药风险评估研究工作；OECD、WHO、EPPO 等国际机构也非常重视农药风险评估。农药风险评估包括健康风险评估和环境风险评估。由于健康风险评估强调对人类有直接影响，因而发展较早；环境风险评估则是近十几年逐步发展的一个研究领域。农药风险评估受数据的可用性、技术、国情及经济等多方面因素制约，是一个系统的复杂的过程。

1.3.1 农药健康风险评估

农药健康风险评估主要是评估某种农药对人体健康带来的直接或间接影响。1983 年，美国国家科学院针对健康风险评估提出"四步法"，包括危害识别、剂量—效应关系评估、暴露评估和风险表征。随后，EPA 还颁布了一系列技术性文件、导则和指南，为健康风险评估提供了强大的技术支撑。ATSDR 也提出了健康风险评估方法体系。

人体暴露是农药健康风险评估的重要部分，根据暴露途径的不同，农药健康风险评估可以分为职业健康风险评估、居民膳食摄入风险评估和居住环境风险评估等。健康风险评估的目的是通过研究农药有效成分对人体暴露可能造成的不良影响，表征暴露评估（摄入剂量）与效应评估的结果，最终确定人体暴露于农药下的安全水平。国际通行的农药健康风险评估技术主要参考了美国、欧盟、FAO/WHO 和 OECD 等国家或国际组织的评估方法。

农药职业风险评估的对象主要是农药生产者、使用者和处置者，通过对农药危害性进行识别和评估，估算出职业暴露人群的安全或可承受暴露剂量，再通过假设估算和暴露模型预测暴露人群的可能暴露剂量，最后进行风险表征，如果暴露剂量高于可承受的安全剂量，说明对农药具有职业健康风险。

农药残留膳食风险评估是评估人类因膳食摄入农药产生的风险，主要程序是通过农药残留试验结果及人群膳食结构，推算人群每天通过食物摄入的农药量，再根据毒理学试验结果，推导农药在不同作物上的 ADI，最后通过两者的比值来表征风险大小。如果比值大于 1，说明风险不可接受，需要采取进一步的风险控制措施，确保食品中的农药残留保持在安全水平范围内。国内学者针对黄瓜、食用菌等开展了大量农药残留风险评估研究。

居住环境风险评估主要是评估居民从周边水体、土壤以及大气等自然环境和居住地环境中所暴露农药的风险，其基本原理与残留膳食摄入风险评估一致。但是由于居民行为的多样化，导致不同人群的暴露也千差万别，精确的暴露数据和试验数据极难获取，因此模型计算成为暴露评估的重要解决方案。

1.3.2　农药环境风险评估

农药环境风险评估主要是评估某种农药对整个生态系统直接或间接的影响，在农药的登记管理中发挥着重要作用。环境风险评估不仅包括对地表水、地下水、土壤和大气等多环境介质的风险评估，还包括对水生生物、陆生生物、有益昆虫、非靶标植物等生物的风险评估。美国和欧盟的农药环境风险评估开展较早，评估程序也基本相同，其核心都是围绕农药的危害和暴露两大核心问题开展工作。

农药环境风险评价方法主要有商值法和多层次风险评价法两种。商值法是低层次筛选评价的主要方法，该方法将实际监测到的农药 EEC 与毒性终点值（LC_{50}，EC_{50}，$NOEC$ 等）进行比较，得到 RQ，然后将 RQ 与 $LOCs$ 进行比较，从而判断出农药的潜在环境风险。风险商值也可以用 RCR 来表述，即根据已有关于农药特性、功能、使用方式及使用量的信息而预测出该农药的 PEC，同时，在现有认知下，预测出该农药不会对生物产生不利效应的 $PNEC$，则风险商值可以通过 $PEC/PNEC$ 计算得出。2009年我国农业部组织开展了氟虫腈环境风险评估。通过对氟虫腈开展计算模拟、半田间试验、田间监测、事故调查和环境风险评估，掌握了氟虫腈对甲壳类水生生物和蜜蜂具有高风险，并据此采取限制氟虫腈登记使用的措施。

多层次评价方法是一种先开展低层次评估，而后逐渐过渡到高层次评估的风险评价方法。在低层次评价阶段，以保守假设和简单模型为基础来评价农药对生态环境的风险。如果评价结果显示农药对生态环境具有不可接受的风险，则需要进行更高层次的评价。更高层次的评价需要获得更多的数据，弄清更复杂的农药环境归趋特征（图1.3），构建更接近实际环境条件的暴露场景模型，从而进一步确认农药的风险是否仍然存在。

1.3.3 农药风险评估技术指南

目前，EPA 已经建立了一整套相对完善的农药管理法规体系、风险评估技术支撑体系和有效的监管机制。1947年，美国颁布实施《联邦杀虫剂、杀菌剂和杀鼠剂法案》（FIFRA），授权 EPA 加强对农药的管控，并开始实行农药登记管理制度，对农药实行风险管理。此后，风险评估逐渐成为 EPA 科学管理农药的重要手段。为了保证农药风险评估的有效实施，EPA 研究出台了一系列风险评估原则、程序和方法。1986年 EPA 发布《人体健康风险评估指南》，1992年发布《暴露评估指南》，1996年发布《生态风险评估指南》，1997年发布通用暴露场景文件，1998年发布更为详细的

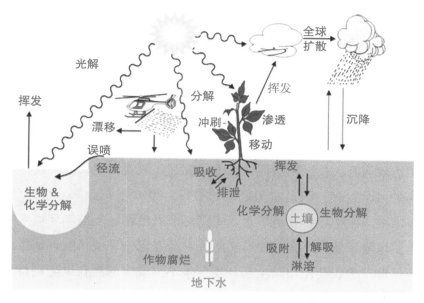

图1.3 农药环境归趋概念图

《生态（环境）风险评估指南》等，这些指南文件为 EPA 开展农药风险评估提供重要的参考依据和技术支撑。此外，美国还颁布实施了《联邦食品、药品和化妆品法》（FFDCA）和《食品质量保护法》（FQPA），进一步加强对食品中农药残留的有效管控。

欧盟也是较早开展农药风险评估的国家之一。1993 年，欧盟成立了农药工作组（FOCUS），按照欧盟指令 91/414/EEC 对农药及化学品实施风险管理。为加强对农药及化学品的风险管理，统一标准，提升技术支持能力，欧盟还发布了多项风险评估指南。1996 年欧盟发布《化学品风险评估技术指南》，2000 年发布《鸟类和哺乳动物评估工作指导书》，2001 年发布《陆生生态毒理学工作指导书》，2002 年发布《水生生态毒理学工作指导书》，2003 年发布《化学品风险评估技术指南（第二版）》等，这些指导文件有力地支持了欧盟各国农药风险评估的开展。2005 年，欧盟颁布396/2005 指令，对欧盟食品和农产品中农药的 *MRLs* 提出统一要求。2008年，EFSA 成立农药筹划指导委员会，该委员会由农药风险评估专家组成，负责对欧盟农药安全性进行评审。

此外，一些国际组织也建立了一系列农药相关的导则和指南文件。如1981 年 OECD 发布《化学品测试方法导则》，1996 年为加强对生态环境的保护，发布了《水生生态效应评价指南》，2000 年发布《暴露场景指南文件》等；IPCS 也于 2001 年发布《化学品暴露评估术语手册》，2004 年发布《化学物质风险评估术语手册》等。

相比较而言，我国风险评估技术研究起步较晚，但发展迅速。为加强对农药的风险管理，满足农药登记的需要，2016 年农业部分别针对鸟类、蜜蜂、家蚕、水生生物、地下水、非靶标节肢动物、土壤等环境生物和介质制定了风险评估程序，并颁布实施《农药登记—环境风险评估指南》系列行业标准，为农药使用对生态环境产生不良效应的潜在风险进行科学评估提供依据，进一步提高了我国农药风险评估技术水平。

1.3.4　数据可获得性、来源和评估

农药的风险评估是基于数据基础上开展的。从风险管理的角度，这些数据可以分为两类，危害性数据：即全部的健康毒理学和生态毒理学终点，它可以通过动物试验和人体研究试验获得，也可以通过模型计算得到；暴露数据：即人体或非靶标生物的暴露剂量，它可以通过模拟估算或者实际测量得到。从农药管理实用的观点出发主要包括两种，实测型：这类数据可由具体动物试验或分析测试获得，具有实证性；非实测型：这类数据获得的理论前提是农药的"结构相似，性质相似"，通过建立估算模型及参数，利用 QSAR、交叉参照（Read Across）、EPI Suite、OECD Toolbox 和其他商用软件等获得。

农药测试的目的是确定剂量 / 浓度—效应关系，了解农药在环境或生物体的持续时间及数量。农药健康毒性试验主要包括毒理学 4 个阶段试验，即急性毒性试验、遗传毒性试验、传统致畸试验和致突变试验、亚慢性毒性试验以及慢性毒性试验。农药生态毒性试验可粗分为水生生物试验和陆生生物试验，生态毒性试验常用受试生物及结果见表 1.1 和表 1.2。生态

试验效应主要包括急性（短期）毒性、慢性（长期）毒性；繁殖毒性、内分泌干扰活性等；毒性终点一般包括死亡、生长、发育（孵化、第二性征）、生化指标等，多以时间 -EC_x/LC_x、$LOEC$、$NOEC$ 表示，如 96h-LC_{50}。供试生物物种既要有代表性（地域环境、生物学意义、经济价值等），又要适合做实验生物。

表 1.1　主要的水生生物毒性试验受试生物及结果

名称	受试生物	结果
201 藻类生长抑制试验	羊角月芽藻 斜生栅藻 普通小球藻	EC_{50}（E_rC_{50}、E_bC_{50}）、$NOEC$
202 溞类活动抑制试验	大型溞	LC_{50}
203 鱼类急性毒性试验	斑马鱼 稀有鮈鲫 剑尾鱼	LC_{50}
204 鱼类 14d 延长毒性试验	斑马鱼 稀有鮈鲫 剑尾鱼	$LOEC$、$NOEC$
211 大型溞繁殖试验	大型溞	$LOEC$、$NOEC$
210 鱼类早期生活阶段毒性试验	稀有鮈鲫 斑马鱼	$LOEC$、$NOEC$
212 鱼类胚胎：卵黄囊吸收阶段的短期毒性试验	稀有鮈鲫 斑马鱼	$LOEC$、$NOEC$、LC_x/EC_x
215 鱼类幼体生长试验	稀有鮈鲫 斑马鱼 剑尾鱼	EC_x、$LOEC$、$NOEC$
218 加标于沉积物的沉积物：水体中摇蚊毒性试验	摇蚊	EC_x、$LOEC$、$NOEC$
219 加标于水的沉积物：水体中摇蚊毒性试验	摇蚊	EC_x、$LOEC$、$NOEC$
233 沉积物：水中摇蚊生命周期毒性试验：加标于水或加标于沉积物	摇蚊	EC_x、$NOEC$

（续表）

名称	受试生物	结果
235 摇蚊急性活动抑制试验	摇蚊	EC_{50}、$NOEC$
221 浮萍生长抑制试验	圆瘤浮萍 小浮萍	EC_x、$LOEC$、$NOEC$
225 加标于沉积物的沉积物：水体中带丝蚓毒性试验	带丝蚓	EC_x、$LOEC$、$NOEC$
229 鱼类短期繁殖试验	黑头软口鲦 日本青鳉 斑马鱼	第二性征，产卵量、卵黄蛋白原
230 鱼类雌激素、雄激素活性与芳香酶抑制性 21d 短期筛选试验	黑头软口鲦 日本青鳉 斑马鱼	第二性征，卵黄蛋白原
231 两栖动物变态试验	非洲爪蟾	发育阶段、后肢长度、吻泄距及湿重
234 鱼类性发育试验	日本青鳉 斑马鱼 三刺鱼	性别比、卵黄蛋白原、$NOEC$、$LOEC$

表 1.2　主要的陆生生物毒性试验受试生物及结果

名称	受试生物	结果
205 鸟的饲喂毒性试验	绿头鸭 原鸽 鹌鹑	LC_{50}
206 鸟的繁殖试验	绿头鸭 鹌鹑	$NOEC$
207 蚯蚓急性毒性试验	赤子爱胜蚓	LC_{50}
208 陆生植物生长试验	每类一种 谷类作物：黑麦草 水稻 蔬菜：番茄 黄瓜 经济作物：大豆 绿豆	LC_{50}、EC_{50}

（续表）

名称	受试生物	结果
209 活性污泥呼吸抑制试验	活性污泥	EC_{50}、EC_{20}、EC_{80}
213 蜜蜂急性经口毒性试验	东方蜜蜂 意大利蜂	LD_{50}
214 蜜蜂急性接触毒性试验	东方蜜蜂 意大利蜂	LD_{50}
216 土壤微生物：氮转化测试	土壤	EC_{50}、EC_{25} 或 EC_{10}
217 土壤微生物：碳转化测试	土壤	EC_{50}、EC_{25} 或 EC_{10}
220 线蚓繁殖试验	白线蚓	LC_{50}，$NOEC$ 和 / 或 EC_x
222 蚯蚓繁殖试验	赤子爱胜蚓 安德爱胜蚓	$NOEC$、EC_x
226 捕食螨：尖狭下盾螨在土壤中的繁殖试验	尖狭下盾螨	EC_x、$NOEC$
227 陆生植物试验：植物活力试验	胡萝卜	EC_x、$NOEC$
228 双翅目 2 种粪蝇发育毒性的测定	黄粪蝇 秋家蝇	$NOEC$、EC_x（EC_{50}）
232 土壤中跳虫（弹尾目）的繁殖试验	跳虫	LC_x/EC_x、$LOEC$、$NOEC$
299 种子发芽和根伸长的毒性试验	番茄 黄瓜	EC_{10}、EC_{50}

　　为保证测试数据的真实性和可靠性，农药试验往往需要符合 GLP 规则。OECD GLP 原则规定："凡是需要登记和认可管理的医药、农药、食品和饲料添加剂、化妆品、兽药和类似产品，以及工业化学品，在进行非临床人类健康和环境安全试验时，都应当遵循 GLP 原则"。因此，GLP 的应用范围主要包括为获得农药登记及满足管理法规开展的非临床健康毒性试验和环境试验，也包括实验室测试、温室模拟试验和田间试验等。农药GLP 涉及物理和化学性质、残留、健康毒理、环境毒理和环境行为等领域。2003 年，农业部颁布实施 NY/T 718—2003《农药毒理学安全性评价良好

实验室规范》，这是我国农药管理领域第一个 GLP 规范文件，但仅涉及健康毒理领域。2006 年，农业部颁布实施《农药良好实验室考核管理办法（试行）》，明确了考核程序。随后颁布了 NY/T 1386—2007《农药理化分析良好实验室规范准则》、NY/T 1493—2007《农药残留试验良好实验室规范》及 NY/T 1906—2010《农药环境评价良好实验室规范》等技术规范文件。

由于农药风险评估需要大量数据，对于每一种农药开展全面测试往往是不可行的，在缺乏测试数据的情况下，应用合适的数据源，检索到完整翔实、质量可靠的农药有效成分危害性信息，是对农药进行准确的危害性分类，正确识别农药危害性并开展农药风险评估的重要前提。农药危害性评估需要的数据可以通过企业试验数据、数据库检索数据、已发表科研文献、网络搜索引擎搜索和 QSAR 模型计算等途径获取。数据获取来源的不同，使得农药风险评估存在内在的不确定性。选择农药有效成分危害性数据源之前，往往需要对现有数据源进行可靠性评估，优先考虑数据收录全面、质量较为可靠的数据库。按照国际公认的科学原则进行试验所获取的危险性数据可用于危害性鉴定，同时需要严格保证数据的可靠性、适用性和充分性。

我国至今尚没有学者对农药危害性信息数据库可靠性进行系统归纳和整理。目前，国际公认的数据可靠性评估系统主要有两个，第一个由 Klimisch 等开发，是一种对生态毒性和健康毒性可靠的评分系统；第二个由 EPA 为 HPV 挑战计划开发。此外，欧盟在 REACH 法规实施系列指南文件，日本在《日本 GHS 分类指南》中也制定了数据质量评估方法。

1.3.5　计算毒理学在农药风险评估中的应用

计算毒理学的发展为农药 HTS 风险评估提供了技术保障。运用计算机模型可以快速、有效地预测农药的理化参数、毒性指标和环境行为参数等，近几年被越来越多地应用于新农药毒性预测及环境化合物的安全评价。计算毒理学始于 20 世纪 80 年代初，EPA 将其定义为"应用数学及计算机模型来预测、阐明化合物的毒副作用及作用机理"。其产生有 5 个原因：一是毒性动物实验需要高昂费用；二是社会对于动物实验的反对；三是待测试化学品数量的激增；四是计算机技术的飞速发展；五是快速增长的化学品毒理学研究提供了大量的化学结构及其毒性数据，为化学物质毒性的计算预测提供了基础保障。进入 21 世纪以来，一些发达国家高度重视计算毒理学的研究发展。EPA 在 2005 年成立了国家计算毒理学中心，并于 2007 年启动了 ToxCast 项目，利用计算毒理学的方法研究 HTS 测试数据。欧盟联合研究中心以及 OECD 等国际性组织机构根据 REACH 法规开展了大量计算毒理学研究，形成了一批计算毒理学方法、导则、开放网络工具平台和数据库。

目前在计算毒理学领域应用最为广泛的是 QSAR 模型。QSAR 是基于化学物质的结构与理化性质和生物活性之间的关系，在统计学的基础上建立起来的一种数学模型。在 20 世纪 60 年代，Corwin Hansch 和 Toshio Fujita 提出 QSAR 模型，它反映的是化学物质结构与活性之间的二维数学模型，具有一定的局限性。20 世纪 80 年代，三维结构信息被引入定量构效关系研究中，即 3D-QSAR。与二维 QSAR 相比，3D-QSAR 方法的意义更明确，能间接反映药物分子和靶点之间的非键相互作用特征，因此，3D-QSAR 方法在目前得到了迅速的发展和广泛的应用。QSAR 常用的分析方法主要有 9 种：取代基多参数法（Hansch 法）、Free-Wilson 法、分子轨道法（MO）、距离比较法（DISCO）、比较分子力场分析法（CoMFA）、分子模拟法（MS）、分子对接法（MD）、人工神经网络法（ANN）和 Leapfrog 法。

QSAR 可以对农药的理化性质及其毒性参数进行高效预测，满足农药环境风险管理的"预先防范原则"。相比于实验测定，模型预测更能够弥补数据的缺失，评估实验数据的不确定性、降低测试费用并揭示内在机理。国内外已有大量关于化合物结构与毒性关系的研究，Mcgrath 等基于麻醉毒理机制，建立了污染物对藻类生物的麻醉靶位脂质模型，有效地揭示了污染物的 $\log Kow$，与污染物对藻类的半数有效浓度的对数值 $\log(EC_{50})$

之间的关系；Nendza 等利用实验方法测定了芳香胺对小球藻的毒性，在此基础上建立了芳香胺的 log Kow 联合量子化学描述符跟芳香胺对小球藻毒性的计算毒理学模型；郑玉婷通过多元线性回归（MLR）方法建立了一个包含 9 个描述符的卤代有机化合物鱼类 BCF 的 $QSAR$ 模型，所构建的模型，可以用于预测应用域内卤代化合物的 BCF；彭勤等用 $QSAR$ 模型对114 种有机磷农药大鼠经口、小鼠经口及大鼠经皮 LD_{50} 和神经毒性作用进行了很好地预测；邹立等用 $QSAR$ 模型在有机磷农药对海洋扁藻的构效关系进行定量预测分析；邱建霞等利用辛醇 / 水分配系数法和分子性连接指数法构建了 26 种磺酰脲类除草剂毒理学 $QSAR$ 模型，结果表明两种模型都具有较好的预测效果。

1.3.6　环境浓度的预测

多介质环境逸度模型是预测农药在环境中暴露浓度的有效工具，能够为农药的污染控制与风险管理提供科学指导。由于农药的危害性数据是固有属性，因此暴露评价成为农药风险评估的技术关键。暴露评估可以通过假设估算、实际监测和模型预测实现，但是评估新农药或者新用途引发的风险时，模型预测则成为唯一的选择。1901 年，Lewis 首次提出了"逸度"（fugacity）的概念，1979 年 Mackay 首次提出了多介质逸度模型的概念，并在此基础上构建了 Quantitative Water Air Sediment Interaction（QWASI）模型，模拟了化学品在加拿大安大略湖中的分配过程。多环境介质模型是通过分析环境系统的变化特征，研究农药在环境系统中的迁移转化规律，并对农药在多介质环境中的暴露水平进行评估，尤其在农药投放市场前或者缺少环境监测数据时，多介质环境模型可以快速、简单直观地预测农药在环境中的各项参数，在国内外都得到了广泛应用。例如，Zhang 等应用 CHEMGL 模型估计了莠去津在北美五大湖的暴露浓度；程燕等用 SCI-GROW 模型预测了 17 种我国常用农药对地下水的风险，结果表明，模型预测结果与实测结果具有相关性，该模型能用于我国东南沿海等地下水位较高、降水量较大、土壤沙性等地下水易受污染地区农药的筛选评价；

刘信安等利用多介质环境模型研究太湖藻类生物量对滴滴涕、六氯苯和六六六 3 种 POPs 在太湖沉积相和水相中分布的影响，计算结果能真实反映 POPs 在太湖中的分布；温汉辉等利用多介质模型研究有机氯农药的环境行为，预测了小海湾地区有机氯农药在海水、沉积物中的迁移转化规律；陶传江等以 PEARL 为基础，开发了北方旱作地下水模型 China-Pearl 和南方水稻区下地下水模型 TOP-RICE。China-Pearl 可以预测农药使用后，通过降雨淋溶至地下水中的浓度；TOP-RICE 可以同时模拟大量降水后水稻田漫溢的情况，进一步与 TOXWA 模型组合，可以模拟预测地表水（池塘）中浓度。

　　近年来，欧美等发达国家开发了大量农药暴露场景模型。如美国农药环境风险评估模型分为水环境模型、陆地环境模型、大气模型和健康影响模型 4 类。其中，地表水环境预测模型有 6 个，分别是 PWC、SWCC、GENEEC 2、PFAM、FIRST 和 KABAM 模型；地下水风险评估模型有 4 个，分别是 PRZM-GW、SCI-GROW、EXPRESS 和 SWAMP 模型；陆地环境模型 8 个，分别是 BeeREX、MCnest、SIP、STIR、T-REX、TIM、TerrPlant 和 T-HERPS；大气模型 5 个，分别是 AgDRIFT®、AGDISPTM、PERFUM、SOFEA 和 FEMS；健康模型 10 个，分别是 DEEM/CALEN-DEXTM-FCID、CARES、OPHED、OPPED、REx、SHEDS、PBPK/PD、SWIMODEL、LifeLineTM Version 4.3 和 IDREAM，这些模型用于评估农药在食物、水、非靶标生物体、居住和职业环境中的浓度。欧盟也开发了一系列预测模型，例如，欧盟联合研究中心于 1993 年发布的欧盟物质评价统一体系 EUSES、PEARL、MACRO、DR IFT CALCULATOR 等；OECD 组织的 TOPKAT、ASTER、CA Che 和 MCASE 等生态评估模型。我国农业农村部农药检定所与荷兰合作，基于 SWAP 等模型开发出 China-Pearl 模型和 TOP-RICE 模型，China-Pearl 可用于预测中国北方旱田地下水场景中农药淋溶至地下水的浓度。TOP-RICE 则用于农药在南方水稻田使用时淋溶至地下水中的暴露浓度。

1.3.7 农药危害性分类

农药危害性分类是在化学物质理化、健康、生态毒理数据的基础上，按照既定的指标和标准将农药危害性划分为不同的类别或等级。联合国 GHS 是在全球范围内对化学品（包括农药）的物理危险、健康危害和环境危害分类作出统一的规定和要求，但就有意摄入时的标签而言，食品中的残留的农药不在 GHS 的覆盖范围。

GHS 意在帮助消费者、职业暴露人群和应急人员避免在生产场所、运输、存储、消费和环境暴露等各个环节的潜在接触。GHS 针对化学物质的物理、健康和环境危害性，建立了统一的分类标准，即将化学品的危害分为物理危险、健康危害和环境危害共 28 类，其中物理危害 16 类、健康危害 10 类和环境危害 2 类，见表 1.3。

表 1.3　GHS 危险性种类

序号	危险性种类	危险性类别
	物理危险性	
1	爆炸物	不稳定爆炸物、1.1 项、1.2 项、1.3 项、1.4 项、1.5 项、1.6 项
2	易燃气体（包括化学性质不稳定气体）	易燃气体第 1 类、第 2 类，化学不稳定气体 A、B
3	气溶胶	第 1 类、第 2 类、第 3 类
4	氧化性气体	第 1 类
5	高压气体	压缩气体、液化气体、冷冻液化气体、溶解气体
6	易燃液体	第 1 类、第 2 类、第 3 类、第 4 类
7	易燃固体	第 1 类、第 2 类
8	自反应物质和混合物	A 型、B 型、C 型、D 型、E 型、F 型、G 型
9	发火液体	第 1 类
10	发火固体	第 1 类

（续表）

序号	危险性种类	危险性类别
11	自热物质和混合物	第 1 类、第 2 类
12	遇水放出易燃气体的物质和混合物	第 1 类、第 2 类、第 3 类
13	氧化性液体	第 1 类、第 2 类、第 3 类
14	氧化性固体	第 1 类、第 2 类、第 3 类
15	有机过氧化物	A 型、B 型、C 型、D 型、E 型、F 型、G 型
16	金属腐蚀剂	第 1 类
	健康危害性	
1	急性毒性	第 1 类、第 2 类、第 3 类、第 4 类、第 5 类
2	皮肤腐蚀 / 刺激	皮肤腐蚀物第 1 类（1A、1B、1C）、皮肤刺激物第 2 类、皮肤刺激物第 3 类
3	严重眼损伤 / 眼刺激	第 1 类、第 2A 类、第 2B 类
4	呼吸或皮肤敏化作用	呼吸道过敏物质第 1 类（1A、1B）、皮肤过敏物质第 1 类（1A、1B）
5	生殖细胞致突变性	第 1 类（1A、1B）、第 2 类
6	致癌性	第 1 类（1A、1B）、第 2 类
7	生殖毒性	第 1 类（1A、1B）、第 2 类、附加类别（哺乳效应或通过哺乳产生效应的物质）
8	特定目标器官毒性—单次接触	第 1 类、第 2 类、第 3 类
9	特定目标器官毒性—重复接触	第 1 类、第 2 类
10	吸入危险	第 1 类、第 2 类
	环境危害性	
1	危害水生环境	急性 1、急性 2、急性 3 慢性 1、慢性 2、慢性 3、慢性 4
2	危害臭氧层	第 1 类

1.3.8　优先控制农药筛选

SAICM 指出，可作为优先重点评估的化学品包括具有持久性、生物蓄积性和毒性的物质（PBT）；持久性和生物蓄积性极高的物质（vPvB）；具有致癌性或致突变性或可能对生殖系统、内分泌系统、免疫系统、神经系统产生不利影响的化学品；各种持久性有机污染物（POPs）；汞以及在全球范围内一起关注的其他化学品；大规模生产或使用的化学品；用途极为广泛和普遍的化学品；在本国范围内引起关注的其他化学品。

采取重点管理和一般管理相结合的方式进行风险控制是各国管理化学品的通常做法。1998 年，美国提出旨在加速化学品环境和健康危害的测试和风险信息公布的"化学品知情权"政府动议，并启动了"高产量化学品挑战计划（HPVCP）"，数百家社会利益相关方自愿承担了 2 800 多种 HPV 化学品中某些优先性高风险有毒化学品的危害测试和风险评价。1993 年，欧盟理事会通过了"关于现有化学品风险评估与控制的指令"（93/793/EEC），要求各成员国根据化学品登记数据，结合化学品对人体健康和环境的影响等因素建立优先评价名单，对名单上的化学品进行风险评价，并将140 种物质列入优先评价名单。1973 年日本颁布《化学物质审查与生产控制法》（以下简称"化审法"），该法把受其管辖的物质分为第一种特定化学物质、第二种特定化学物质、监视化学物质、优先评价化学物质、新化学物质和一般化学物质。优先评价化学物质是指怀疑对人体或人类生活环境动植物具有长期毒性，可能具有风险且由环境大臣、厚生劳动大臣和经济产业大臣指定的物质。目前，日本筛选了 88 种优先评价化学物质。

在发达国家，证据权重法被广泛用于筛选优先控制有毒有害物质。2013 年，EPA 和 ATSDR 基于国家优先清单 NPL 的优先排序方法计算污染物出现频率得分和毒性得分；2000 年，欧盟发布 COMMPS 方法，它以相对风险为基础进行自动排序，最终的结果交由专家判断；EPA 标准处（Criteria and Standards Division，CSD）建立了"优先污染物分级系统"，筛选过程中采用了证据权重法；澳大利亚联邦政府设立了国家污染物名录

（NPI），NPI 物质筛选采用证据权重法，主要考虑人体健康效应、环境效应、环境暴露指标。各指标所赋分值按照严重程度，每级为一分差值，依次降分赋分。英国环境与健康研究院（IEH）建立的化学品筛选方法也是证据权重法中的一种，它是基于风险理论，从暴露与效应两方面对化学品进行评分筛选，毒性效应指标所赋分值也是按照严重程度，每级为一分差值，依次降分赋分。美国潜在危害指数法的核心是计算出化学物质的潜在危害指数，选择的毒理学数据也是按照每级分值差值为一分的方式赋分。证据权重法是基于环境暴露因子和危害因子建立的定量筛选方法，它是采用打分的方式，按照待选污染物综合得分的高低进行排序，分值越高，表明潜在危害越大，最后得到管理上需要的优先控制污染物名单，从而达到筛选的目的，目前得到了广泛的应用。例如，王晓栋等人采用证据权重法研究了淮河水体优先污染物的筛选与风险评价，穆景利等人利用证据权重法筛选出了我国近岸海域优先控制有机污染物。

借鉴国外优控污染物目录筛选经验，建立适合我国国情的优先控制农药筛选程序，识别出高风险农药并提出优先控制农药名录，用于指导农药风险管理工作是十分必要的。建立我国优控高风险农药目录应遵循以下原则：具有较大的农药登记量、使用量或应用范围广的农药；在环境中具有较高检出率或环境稳定性好的农药；具有较高环境与健康危害性的农药等。

第2章

我国蔬菜上农药登记现状调查

农药登记制度是我国农药管理的重要抓手，对于未取得登记的农药，任何单位和个人均不得在国内生产、经营或者使用。因此，通过调查已取得农药登记的产品可以掌握我国农药生产使用现状、登记有效成分数量、登记作物情况、登记剂型、有效成分用药量和登记用途等信息，为开展农药风险评估提供依据和数据支持。

农药产品的登记数量越多，则农药的生产使用量越大，人体和环境潜在的暴露量也越大，因此调查我国主要蔬菜生产中登记数量多的农药产品，是筛选和评估蔬菜用高风险农药的关键。本章内容将重点调查蔬菜上农药登记现状，并对登记产品进行分析，筛查出登记数量最多的 50 个有效成分及制剂，并对农药登记剂型和登记作物进行讨论。在此基础上，调查十字花科蔬菜、黄瓜和番茄等主要蔬菜上农药产品登记情况。最后，对我国近 8 年蔬菜登记农药情况进行调查分析。本章的目的旨在通过调查蔬菜上登记农药产品情况，筛选出我国蔬菜常用农药品种，同时兼顾部分近 8 年登记的新农药产品，为蔬菜常用农药风险评估奠定基础。

2.1 调查方法

采用数据库检索法，检索查询农业农村部农药检定所官方网站"农药信息网"（www.chinapesticide.gov.cn）公开发布的所有蔬菜上登记农药产品的数据信息。运用 Microsoft Office Excel 2016、Tableau9.2 和 ArcGIS10.2 软件对数据进行统计分析。

2.2　结果与讨论

2.2.1　我国蔬菜上农药登记总体情况调查结果

2.2.1.1　蔬菜上农药登记情况调查

　　近年来，我国蔬菜上取得农药登记的产品不断增多，种类日益丰富。统计结果表明，我国蔬菜上取得农药登记的制剂共 10 947 个，涉及阿维菌素、多菌灵和高效氯氰菊酯等有效成分 778 个，涉及十字花科蔬菜、黄瓜、番茄和辣椒等 106 种作物，涉及防治对象（或用途）145 个，涉及乳油、可湿性粉剂和水分散粒剂等农药剂型 43 个，见表 2.1。

表 2.1　蔬菜用药登记作物种类、防治对象及剂型等信息统计

类型	登记内容
作物/场所	冬油菜田、黄瓜、甘蓝、番茄、马铃薯田、白菜、萝卜、青菜、小白菜、马铃薯、十字花科蔬菜、黄瓜（保护地、苗床、温棚）、芹菜、菠菜、油菜田、甜菜、油菜、菜豆、青椒、春油菜田、茄子、果菜类蔬菜、叶菜类蔬菜、姜、甜菜田、蔬菜、瓜菜类蔬菜、大白菜、叶菜类十字花科蔬菜、节瓜、冬油菜（移栽田）、茭瓜、冬油菜、番茄（保护地、大棚）、韭菜、辣椒、油菜（苗床）、芦笋、叶菜、豇豆、十字花科叶菜、春油菜、大蒜、大蒜田、小油菜、甘蓝田、韭菜田、免耕春油菜田、冬油菜田（免耕）、韭菜（保护地）、蘑菇、果菜、平菇、菜豆田、番茄地、苦瓜、油菜（移栽田）、洋葱田、甜瓜、油菜免耕田、甘蓝（保护地）、花椰菜、根菜类蔬菜、蒜田、姜田、十字花科蔬菜叶菜、移栽白菜、莴笋、免耕油菜、移栽甘蓝田、辣椒田、大葱、菜薹、大白菜田、菜瓜、蔬菜地、冬瓜、丝瓜、豆菜、小青菜苗床、洋葱、菇房、免耕春油菜、免耕冬油菜、菜心、免耕油菜田、食用菌、茭白、番茄田、花椰菜田、西葫芦、移栽油菜田、芥蓝、贮藏的马铃薯、莴苣田、菜用大豆、茄子（大棚）、辣椒（苗床）、蒜薹、豇豆田、南瓜田、山药、豌豆
防治对象/用途	一年生禾本科杂草、霜霉病、白粉病、菜青虫、灰霉病、小菜蛾、甜菜夜蛾、晚疫病、蚜虫、早疫病、苗齐、增加鲜重、叶霉病、根腐病、黑星病、炭疽病、美洲斑潜蝇、斑潜蝇、菌核病、根结线虫、斜纹夜蛾、朱砂叶螨、蓟马、多种病害、腐烂病、黄条跳甲、催熟、立枯病、环腐病、枯萎病、地下害虫、白发病、褐斑病、赤星病、疫病、黑斑病、抑制出芽、角斑病、多年生禾本科杂草、白粉虱、多种害虫、控制生长、螨、主要害虫、茎枯病、甘蓝夜蛾、叶蝇、大豆卷叶螟、病毒病、青枯病、蜗牛、瓜蚜、猝倒病、根蛆、禾本科杂草、细菌性角斑病、豆

（续表）

类型	登记内容
防治对象/用途	荚螟、杂草、调节生长、增产、褐腐病、白腐病、蛞蝓、多结果实、菜红蜘蛛、害虫、二十八星瓢虫、菜蚜、软腐病、棉铃虫、棉蚜、木霉菌、蔓枯病、枯叶、抗病、斑枯病、烟粉虱、靶斑病、白斑病、提高坐瓜率、保鲜、锈病、提高产量、蛴螬等地下害虫、小粒种子阔叶杂草、红蜘蛛、促进生长、苗期立枯病、蒜蛆、韭蛆、疮痂病、苗期猝倒病、瘟病、单/双子叶杂草、叶腐病、叶枯病、黑痣病、线虫、蕨叶病、花叶病、湿泡病、小地老虎、马铃薯块茎蛾、根肿病、叶斑病、霉菌、粉虱、菌蛆、烟青虫、二化螟、迟眼蕈蚊、胡麻叶斑病、胡麻斑病、瓜绢螟、溃疡病、姜瘟病、黑腐病、长绿飞虱、阔叶杂草及莎草科杂草、疫霉病、繁缕/牛繁缕/雀舌草等阔叶杂草、抑制马铃薯块茎发芽、瓜实蝇、桃蚜、苗期根腐病、茶黄螨、跳甲、紫斑病、花叶病毒病、抑制腋芽生长
剂型	乳油、可湿性粉剂、悬浮剂、水分散粒剂、水剂、水乳剂、烟剂、结晶粉、微乳剂、颗粒剂、乳粉剂、可溶粉剂、悬浮种衣剂、粉剂、可溶液剂、湿粉、可溶粒剂、微粒剂、微囊悬浮剂、微囊粒剂、烟雾剂、悬乳剂、干悬浮剂、热雾剂、可溶片剂、烟片、细粒剂、种子处理可分散粉剂、种子处理悬浮剂、微囊悬浮–悬浮剂、片剂、泡腾片剂、油悬浮剂、缓释粒剂、可分散油悬浮剂、干拌种剂、可溶性粉剂、气体制剂、浓饵剂、水溶性液剂、诱芯、熏蒸剂、发气剂

综合来看，蔬菜上取得农药登记的产品主要是杀虫剂，登记数量为5 928个，占蔬菜上登记农药总数的54%。其次为杀菌剂和除草剂，登记数量最少的是植物生长调节剂，共有330个农药产品取得登记，占蔬菜上农药登记总数的3%，见图2.1。

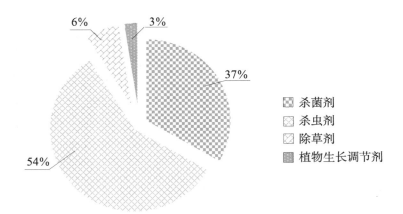

图2.1 蔬菜上农药登记产品按用途分类统计情况

2.2.1.2　登记数据统计分析

蔬菜上取得农药登记的产品按有效成分数量统计由高到低排序，数量最多的前 50 名见图 2.2。统计发现，阿维菌素是蔬菜上登记数量最多的有效成分，登记数量占总登记数量的 6%；顺式氯氰菊酯和嘧菌酯登记数量最少。

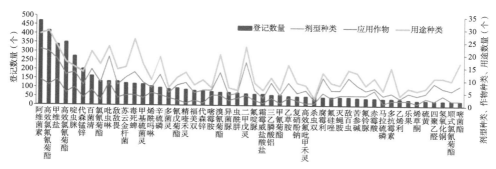

图 2.2　蔬菜上登记数量最多的 50 个有效成分及制剂统计情况

乳油、可湿性粉剂、悬浮剂等是蔬菜上登记数量最多的剂型，见图 2.3。统计发现，乳油是蔬菜上农药制剂登记最多的剂型，其次是可湿性粉剂，这两个剂型产品的登记数量占总登记产品数量的 68%，泡腾片剂、悬浮种衣剂和可溶片剂登记的产品数量最少。

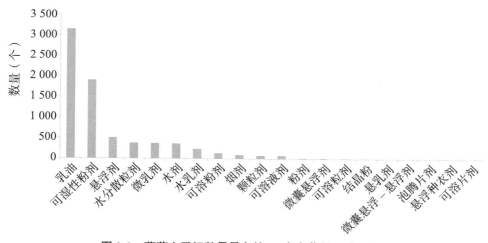

图 2.3　蔬菜上登记数量最多的 20 个农药剂型统计情况

蔬菜上取得农药登记的产品按登记作物数量统计由高到低排序，数量最多的前 30 种蔬菜见图 2.4。十字花科蔬菜、黄瓜和番茄是蔬菜用药登记最多的作物，小油菜上登记的产品数量最少。

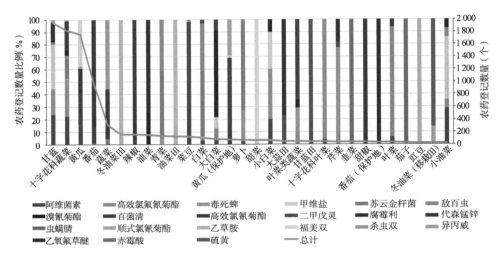

图 2.4　登记产品数量最多的 30 种蔬菜统计情况

2.2.2　我国主要蔬菜常用农药登记情况调查结果

2.2.2.1　十字花科蔬菜上农药登记情况调查结果

通过检索农业农村部农药检定所官方网站"农药信息网"，共检索到白菜、萝卜、甘蓝等 31 种十字花科蔬菜，涉及 4 196 个产品，涉及阿维菌素等 353 个有效成分，涉及菜青虫等 54 个防治对象，涉及乳油等 22 种登记农药剂型，见表 2.2。

表 2.2　十字花科蔬菜上登记产品统计情况

登记类型	数量（个）
产品（含复配）	4 196
有效成分（含复配）	353
生产企业	1 060

（续表）

登记类型	数量（个）
产品剂型	22
防治对象（或用途）	54

　　综合来看，十字花科蔬菜上登记的主要是杀虫剂，占十字花科蔬菜上登记农药产品总数的85%。其次为除草剂和杀菌剂，登记数量最少的是植物生长调节剂，见图 2.5。

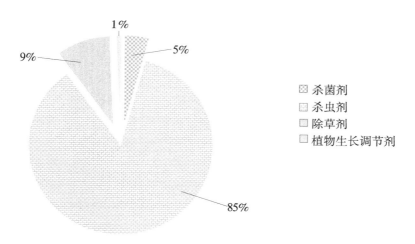

图 2.5　十字花科蔬菜上登记产品按用途分类统计情况

　　按有效成分数量统计由高到低排序，十字花科蔬菜上登记有效成分数量最多的前20种农药见表2.3。阿维菌素登记数量最多，占十字花科蔬菜农药登记总量的9%；敌敌畏登记数量最少。按剂型数量统计由高到低排序，登记剂型数量最多的前20名的剂型详见表2.3。乳油是十字花科蔬菜上登记最多的剂型，占十字花科蔬菜上登记总数的61%。

表 2.3 十字花科蔬菜上登记数量最多的前 20 个有效成分及剂型统计情况

排名	按有效成分统计		按剂型统计	
	农药有效成分名称	数量（个）	农药剂型	数量（个）
1	阿维菌素	390	乳油	2 572
2	高效氯氟氰菊酯	371	可湿性粉剂	418
3	甲氨基阿维菌素苯甲酸盐	316	微乳剂	336
4	高效氯氰菊酯	239	悬浮剂	245
5	氯氰菊酯	117	水分散粒剂	208
6	吡虫啉	114	水乳剂	192
7	苏云金杆菌	107	水剂	78
8	多菌灵	88	可溶液剂	46
9	毒死蜱	87	颗粒剂	29
10	精喹禾灵	77	可溶粉剂	25
11	溴氰菊酯	63	微囊悬浮剂	11
12	虫酰肼	57	可溶粒剂	9
13	啶虫脒	56	泡腾片剂	3
14	辛硫磷	55	可分散油悬浮剂	3
15	氟啶脲	53	粉剂	2
16	甲氰菊酯	47	微囊悬浮—悬浮剂	2
17	乙草胺	43	种子处理可分散粉剂	2
18	高效氟吡甲禾灵	43	湿粉	1
19	二甲戊灵	42	种子处理干粉剂	1
20	敌敌畏	39	油悬浮剂	1

十字花科蔬菜上登记数量最多的前 20 个有效成分中，杀虫剂占 88%；除草剂占 8%；杀菌剂占 4%（图 2.6）。

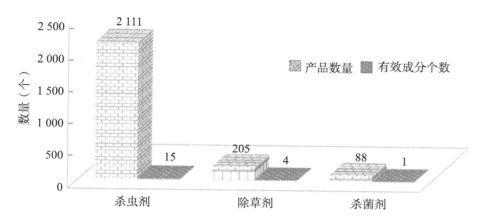

图 2.6　十字花科蔬菜上登记数量最多的前 20 个有效成分按用途分类统计情况

2.2.2.2　黄瓜上农药登记情况调查结果

通过检索"农药信息网"，登记作物为黄瓜、黄瓜（苗床、保护地）的农药产品共 1 785 个，涉及百菌清等 222 个有效成分，涉及蚜虫和根结线虫等 32 个防治对象（用途），涉及乳油、可湿性粉剂和悬浮剂等 20 种剂型，见表 2.4。

表 2.4　黄瓜上登记产品统计情况

单位：个

登记类型	数量
产品（含复配）	1 785
有效成分（含复配）	222
生产企业	631
产品剂型	20
防治对象（或用途）	32

综合来看，黄瓜上产品登记数量最多的是杀菌剂，占黄瓜上登记农药产品总数的 82%；其次为杀虫剂，占登记总数的 17%；登记数量最少的是植物生长调节剂，占登记总数的 1%；黄瓜上没有除草剂登记，见图 2.7。

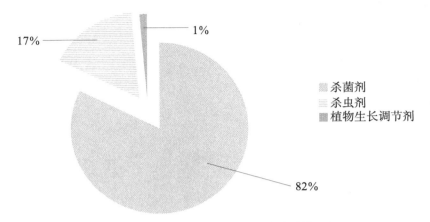

图 2.7 黄瓜上登记产品按用途分类统计情况

按有效成分数量统计由高到低排序，黄瓜上登记有效成分数量最多的前 20 种农药，见表 2.5。啶虫脒是黄瓜上登记最多的有效成分，登记数量占黄瓜农药登记产品总量的 8%；醚菌酯的登记数量最少。按剂型数量统计由高到低排序，登记剂型数量最多的前 20 种剂型，见表 2.5。可湿性粉剂是登记最多的剂型，占黄瓜上登记农药产品总数的 51%。

表 2.5 黄瓜上登记数量最多的前 20 个有效成分及剂型统计情况

排名	按有效成分统计		按剂型统计	
	农药有效成分名称	数量（个）	农药剂型	数量（个）
1	啶虫脒	142	可湿性粉剂	909
2	百菌清	101	乳油	179
3	烯酰吗啉	94	悬浮剂	170
4	福美双	74	水分散粒剂	167
5	霜霉威盐酸盐	48	水剂	116
6	嘧霉胺	47	烟剂	74
7	阿维菌素	40	可溶粉剂	61
8	代森锰锌	39	颗粒剂	30
9	三乙膦酸铝	37	水乳剂	26

（续表）

排名	按有效成分统计		按剂型统计	
	农药有效成分名称	数量（个）	农药剂型	数量（个）
10	氟硅唑	27	可溶液剂	22
11	硫黄	26	微乳剂	17
12	嘧菌酯	22	粉剂	4
13	灭蝇胺	20	微囊悬浮剂	2
14	春雷霉素	19	缓释粒	2
15	多抗霉素	18	湿粉	1
16	氢氧化铜	18	片剂	1
17	甲基硫菌灵	17	可分散粒剂	1
18	丙森锌	16	干悬浮剂	1
19	异丙威	16	烟雾剂	1
20	醚菌酯	12	可溶粒剂	1

　　黄瓜上登记数量最多的前 20 个有效成分中，共有 16 个杀菌剂和 4 个杀虫剂。杀菌剂占 20 个有效成分涉及总产品数的 74%；杀虫剂占总产品数的 26%，如图 2.8。

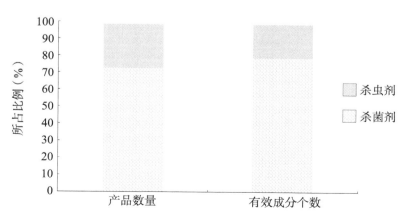

图 2.8　黄瓜上登记数量最多的前 20 个有效成分按用途分类统计情况

2.2.2.3 番茄上农药登记情况调查结果

通过检索查询农业农村部农药检定所官方网站"农药信息网",登记作物为番茄、番茄(保护地、大棚)的产品共 975 个,涉及吡虫啉等 150 个有效成分,涉及早疫病等 33 个防治对象(用途),涉及乳油等 20 种登记农药剂型,见表 2.6。

表 2.6 番茄上登记产品统计情况

登记类型	数量(个)
产品(含复配)	975
有效成分(含复配)	150
生产企业	456
产品剂型	20
防治对象(或用途)	33

番茄上登记的农药产品主要是杀菌剂,占番茄上登记农药产品总数的 85%。其次为植物生长调节剂,占登记总数的 10%。番茄上共有 48 个杀虫剂取得登记,占登记总数的 4.996%。番茄上农药登记数量最少的是除草剂,占登记总数的 0.004%,见图 2.9。

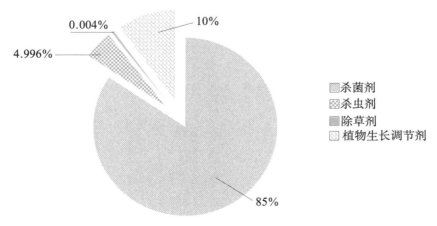

图 2.9 番茄上登记产品按用途分类统计情况

番茄上登记数量最多的前 20 个有效成分中，共有 16 个杀菌剂、2 个植物生长调节剂和 2 个杀虫剂。杀菌剂登记数量最多，占 20 个有效成分涉及总产品数的 86%；植物生长调节剂占总产品数的 11%；杀虫剂占总产品数的 3%，如图 2.10。

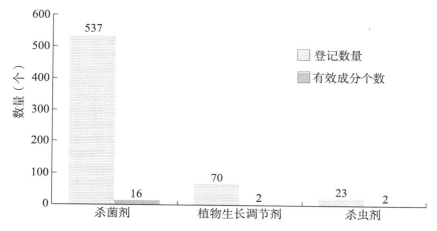

图 2.10　番茄上登记数量最多的前 20 个有效成分按用途分类统计情况

按有效成分数量统计由高到低排序，登记数量最多的前 20 个农药见表 2.7。代森锰锌是番茄上登记最多的有效成分，占总登记产品的 18%；醚菌酯登记数量最少。从剂型数量看，可湿性粉剂是登记最多的剂型，占总数的 58%。烟片、可溶片剂等产品数量最少。

表 2.7　番茄上登记数量最多的前 20 个有效成分及剂型统计情况

排名	按有效成分统计		按剂型统计	
	有效成分名称	数量（个）	农药剂型	数量（个）
1	代森锰锌	173	可湿性粉剂	561
2	甲基硫菌灵	81	水剂	146
3	异菌脲	53	悬浮剂	99
4	代森锌	52	水分散粒剂	38
5	复硝酚钠	40	乳油	34

（续表）

排名	按有效成分统计		按剂型统计	
	有效成分名称	数量（个）	农药剂型	数量（个）
6	乙烯利	30	可溶粉剂	29
7	百菌清	29	烟剂	18
8	嘧霉胺	26	水乳剂	12
9	腐霉利	24	可溶液剂	10
10	多抗霉素	18	颗粒剂	8
11	联苯菊酯	17	微乳剂	4
12	盐酸吗啉胍	17	微囊悬浮－悬浮剂	3
13	氨基寡糖素	13	微粒剂	3
14	香菇多糖	12	粉剂	2
15	苯醚甲环唑	10	悬乳剂	2
16	嘧啶核苷类抗生素	9	微囊粒剂	2
17	丙森锌	9	烟片	1
18	吡虫啉	6	可溶片剂	1
19	氟硅唑	6	细粒剂	1
20	醚菌酯	5	泡腾片剂	1

2.2.3 近 8 年我国蔬菜上农药登记情况变化趋势调查结果

2.2.3.1 近 8 年我国蔬菜上农药登记总体情况调查结果

2009—2016 年，我国蔬菜上取得农药登记的产品、生产企业、有效成分数量均呈现下降趋势，见图 2.11。

国家农药登记管理政策变化是造成近 8 年我国蔬菜用药登记数量大幅下降的主要原因。2008 年农业部出台《农药登记资料规定》，第二年出台农业部 1158 号公告，与 2008 年前实施的《农药登记资料要求》相比，新的法规要求企业提交的试验报告和相关材料更多，国家对于农药登记的审批也更为严格。因此，多数农药生产企业在《农药登记资料规定》征求意见期间和过渡期开始着手登记了大量农药产品，这些产品 2 年后集中在

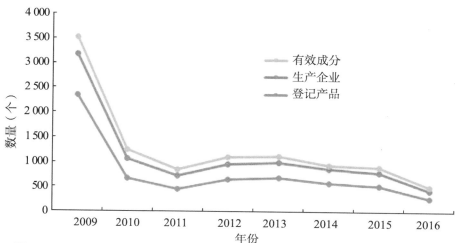

图 2.11 2009—2016 年我国蔬菜登记产品、生产企业及有效成分数量变化情况

2009 年获得农业部批准，从而造成 2009 年登记产品数量居高。而后由于国家加强了对农药的管控，增加了企业登记新产品的难度，导致农药生产企业短时间内登记新农药的内驱动力不足。同时，农药生产企业不得不考虑登记成本和农药市场前景，因此在登记产品时会择优登记，从而造成登记产品数量的大幅下降。

蔬菜上登记的产品数量从 2009 年的 2 345 个下降到 2016 年的 270 个，降幅为 88%；有效成分数量从 329 个下降到 76 个，降幅为 77%；剂型数量从 20 个下降到 17 个；登记作物数量从 56 个下降到 23 个，降幅为 61%；防治对象数量从 76 个下降到 35 个，降幅为 55%，农药生产企业数量从 834 个下降到 163 个，降幅为 80%；见表 2.8。

表 2.8 2009—2016 年我国蔬菜登记产品统计情况

统计内容	各年份登记数量（个）							
	2009 年	2010 年	2011 年	2012 年	2013 年	2014 年	2015 年	2016 年
登记产品	2 345	661	453	648	363	577	523	270
生产企业	834	399	272	304	208	282	277	163

（续表）

统计内容	各年份登记数量（个）							
	2009 年	2010 年	2011 年	2012 年	2013 年	2014 年	2015 年	2016 年
有效成分	329	191	118	144	117	85	111	76
剂型	20	13	14	17	14	17	23	17
登记作物	56	29	26	33	22	36	35	23
防治对象	76	49	39	45	34	45	51	35

2.2.3.2 近8年我国蔬菜上取得农药登记数量最多的前50个有效成分调
查结果

2009—2016 年，取得农药登记的含有蔬菜上登记数量最多的前 50 个
有效成分的农药制剂共有 3 002 个，见图 2.12。其中 2009 年登记了 1 216
个，但到了 2016 年下降至 72 个，降幅高达 94%。全部登记产品中，阿维
菌素、甲氨基阿维菌素苯甲酸盐和高效氯氟氰菊酯是登记产品数最多的 3
个有效成分，占近 8 年登记产品总数的 35%。统计发现，2009—2016 年除
苦参碱、四聚乙醛和嘧菌酯登记数量出现增长外，其他 47 个有效成分登
记数量均出现不同程度的下降。毒死蜱、氰戊菊酯、敌百虫、马拉硫磷、
乐果和氢氧化铜最近 5 年均没有产品取得登记，代森锌、溴氰菊酯、甲氰
菊酯和顺式氯氰菊酯最近 4 年均没有产品取得登记。而杀虫双最近 8 年均
没有产品取得登记。

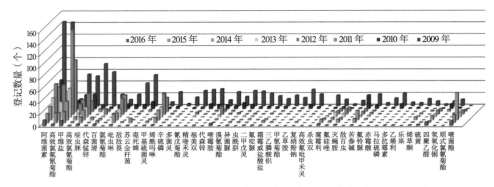

图 2.12 2009—2016 年蔬菜上登记数量最多的前 50 个有效成分登记情况

2.2.3.3　主要蔬菜上取得农药登记的产品变化情况调查结果

2009—2016 年，十字花科蔬菜、黄瓜和番茄 3 种主要蔬菜上取得农药登记的产品及有效成分数量均出现下降趋势，登记产品数量降幅分别为 92%、81% 和 91%；有效成分数量降幅分别为 50%、36% 和 39%（图 2.13）。近 8 年，十字花科蔬菜上取得登记的产品和有效成分数量减少幅度最大，黄瓜上登记产品和有效成分数量减少幅度最小。

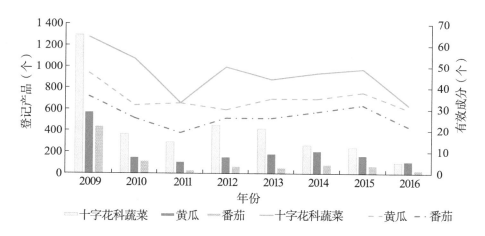

图 2.13　2009—2016 年主要蔬菜登记产品及有效成分统计情况

2.2.3.4　近 8 年新有效成分登记情况

近 8 年蔬菜上新登记的农药有效成分极有可能是未来农药产品登记的新趋势，统计分析蔬菜上新登记有效成分，并对农药产品进行风险评估十分必要。2009—2016 年，我国新登记有效成分主要有氯虫苯甲酰胺、醚菌酯、二氯异氰尿酸钠、辛菌胺醋酸盐、双炔酰菌胺、氯溴异氰尿酸、氟吡菌酰胺、氰氟虫腙、氟苯虫酰胺、啶氧菌酯、烯肟菌胺、三氯异氰尿酸、三氟甲吡醚、噻森铜、螺虫乙酯、氟啶虫酰胺、噻霉酮、二氰蒽醌等。从源头上识别和控制这些新农药的环境风险，是减少人体健康和环境危害的有效手段。

近 8 年还有一些次新有效成分由于刚过专利保护期或者在之前的应用

过程中效果较好而引起国内农药生产企业的关注，并开始逐步在蔬菜上登记，例如，嘧菌酯、肟菌酯、虫螨腈、吡唑醚菌酯、溴菌腈和吡蚜酮等。这些农药极有可能是未来农药产品登记的新趋势，应该引起高度关注，其生产使用风险应尽早评估。

2.2.4 拟开展风险评估农药品种的确定

本研究的目的是开展"化学农药"风险评价，因此将不考虑蔬菜登记数量较多的生物农药、植物源农药以及无机农药，如苏云金杆菌、苦参碱、赤霉酸、多抗霉素、硫黄和氢氧化铜等。有些有效成分本身就是极其复杂的混合物，这类物质也不再作为风险评估备选农药，如复硝酚钠。化学结构相近的农药其活性、理化特性和生物效应基本相同，这类农药重点考虑登记数量最多或数量相近但活性更高的有效成分，如蔬菜上登记的拟除虫菊酯类农药主要有高效氯氟氰菊酯、高效氯氰菊酯、顺式氯氰菊酯、氯氰菊酯、溴氰菊酯等，由于高效氯氟氰菊酯登记数量最多，故仅保留高效氯氟氰菊酯，其他菊酯类农药将不再作为风险评估备选农药；又如保护性杀菌剂代森锰锌和代森锌，仅保留登记数量最多的代森锰锌；但是大环内酯类农药阿维菌素和甲氨基阿维菌素登记数量相近，保留了活性更高的甲氨基阿维菌素。此外，一些新登记农药如呋喃磺草酮具有较低的 Kow 和高水溶性，大量施用后，土壤中残留农药可能通过降雨，经地表径流污染周边地表水，也可能经淋溶途径污染地下水，因此评估这类农药对人类健康和环境的潜在风险具有重要意义。综上，根据我国蔬菜用药情况，重点参考蔬菜上登记数量最多的 50 个有效成分，同时结合主要蔬菜登记用药情况和新农药登记情况等，确定高效氯氟氰菊酯、甲氨基阿维菌素苯甲酸盐、代森锰锌、百菌清、吡虫啉、敌敌畏、毒死蜱、烯酰吗啉、多菌灵、福美双、嘧霉胺、异菌脲、虫酰肼、二甲戊灵、三乙膦酸铝、乙草胺、灭蝇胺、敌百虫、烯草酮、四聚乙醛、嘧菌酯、氯虫苯甲酰胺、吡蚜酮、虫螨腈和氟啶虫酰胺共计 25 种农药为风险评估有效成分。

2.3　本章小结

本章采用数据库检索法开展了我国蔬菜上农药登记情况调查,明确了现阶段我国蔬菜登记用药现状及近年来蔬菜上登记产品趋势,初步掌握了蔬菜常用药剂及其有效成分,为下一步开展蔬菜用药风险评价积累了数据。主要结果如下。

（1）截至 2016 年 12 月 31 日,我国蔬菜上取得农药登记的农药制剂共 10 947 个,有效成分 778 个,涉及登记作物 106 种,防治对象（或用途）145 个。从分类上看,蔬菜上登记的农药产品主要是杀虫剂,其次依次为杀菌剂、除草剂和植物生长调节剂;从有效成分来看,阿维菌素是蔬菜上登记最多的有效成分;从剂型来看,乳油是蔬菜上农药制剂登记最多的剂型;从登记作物来看,十字花科蔬菜是登记农药产品最多的作物。

（2）调查研究发现,十字花科蔬菜上登记的农药主要是杀虫剂,占十字花科蔬菜上登记农药产品总数的 85%,其次为除草剂;黄瓜和番茄登记农药以杀菌剂为主,杀虫剂次之,黄瓜上没有除草剂登记,但有植物生长调节剂。研究还发现,十字花科蔬菜上登记农药的剂型主要为乳油,黄瓜和番茄上登记农药的剂型主要为可湿性粉剂。

（3）近 8 年我国蔬菜上农药登记情况呈现出一定的变化趋势,蔬菜上登记的产品数量从 2009 年的 2 345 个下降到 2016 年的 270 个,降幅高达 80%。

（4）根据我国蔬菜用药登记现状,按照登记数量由多到少排序,兼顾近年来新登记有效成分情况,确定高效氯氟氰菊酯、甲氨基阿维菌素苯甲酸盐、代森锰锌、百菌清、吡虫啉、敌敌畏、毒死蜱、烯酰吗啉、多菌灵、福美双、嘧霉胺、异菌脲、虫酰肼、二甲戊灵、三乙膦酸铝、乙草胺、灭蝇胺、敌百虫、烯草酮、四聚乙醛、嘧菌酯、氯虫苯甲酰胺、吡蚜酮、虫螨腈和氟啶虫酰胺为拟开展风险评估的农药。

第3章

农药风险评估中常用危害性信息数据库筛选

效应分析是农药风险评估的重要环节，其目标是识别农药对人体健康和生态环境造成的不利影响。科学、准确地获得农药危害性信息是开展效应分析的前提。农药危害性信息主要包括人体健康危害性和环境危害性两个方面，健康危害包括急性毒性、致癌性、致突变性和生殖毒性等慢性毒性；生态危害是指对环境中非靶标生物的致死效应，如鸟类、蜜蜂或鱼类的死亡以及种群的亚致死效应等。

农药危害性信息可以通过 5 种途径获取：第一种为企业资料，由于企业对所持有数据具有法定所有权，这部分资料因知识产权问题较难获取。第二种为数据库数据，这类数据通常包含试验过程、供试生物、毒性终点等试验原始资料中的特定信息，获取较为容易，但使用这类数据时需对数据质量进行鉴别、筛选和确认。第三种为已发表的科研文献，包括实验类论文、综述性论文、书籍、专著、会议报告等，这类信息在确定、解释和应用时需要专家进行科学判断。第四种为通过网络搜索引擎搜索到的信息，这类信息包括众多数据源的电子版本，专业机构和监管当局的网站也可以提供这类信息。第五种为 *QSAR* 模型预测数据，这类数据需要专家使用模型获取，且结果也需要专家解释。开展农药风险评估需要收集尽可能多的危害性数据，通过数据库检索获得农药危害性信息是 5 种途径中最为方便、可靠的方法，对农药风险评估至关重要。

　　尽管我国农药管理部门建立了农药危害性信息数据库，但这些数据库仅面向内部工作人员，公众无法利用这些数据资源。公众很难通过国内数据库查询到农药毒性信息、环境行为参数以及潜在环境影响等基础数据，数据信息可获得途径较少。即使通过部分数据库可以检索到农药危害性信息，但其科学性和可信度不高，信息量有限，如部分数据库仅能查询到毒性终点，并没有标明数据出处和试验方法。与此同时，国际上有关农药危害性信息的数据库越来越多，为人们了解农药危害特性提供了可靠的检索途径。进入 21 世纪以来，发达国家依托强大的科研基础和多年积累的数据及成果，对农药的危害性信息进行整合，陆续开发了各自国家的农药或化学品危害参数数据库，数据的科学性、全面性和可靠性也在不断提升。本章内容将对国际上常用的农药健康和环境危害性信息数据库进行整理和筛选，旨在通过调查发达国家和国际组织数据库建设现状和搜索特点，在综合分析各数据库所提供数据的权威性、完整性和可靠性的基础上，提出适合我国农药危害性评估引用的数据库，为农药的风险评估和风险管理提供重要参考。

3.1　筛选方法

　　基于农药危害性信息数据库的筛选方法按以下 4 个步骤进行：数据库来源的确定；备选数据源的初步筛选；相关领域专家的判定；初筛数据源的确定。

3.1.1　数据库来源的确定

　　采用数据库检索法，调查收集美国、日本等发达国家及 FAO、欧盟、WHO、OECD 等国际组织已有农药和化学品基础信息数据库情况，将所有检索结果全部纳入备选数据库；采用文献评述法，通过查阅国内外文献、著作和书刊等资料，调查了解发达国家及国际组织已有农药和化学品基础信息数据库简介、特点和搜索功能，并对各类数据库按照理化数据库、健康危害数据库和环境危害数据库 3 个类别进行分类；采用数据统计法，运用 Microsoft Office Excel 2010 中数据统计功能对各类数据库建设情况进行分类汇总。

3.1.2　备选数据源的初步筛选

数据库初筛主要考察数据库中包含农药危害性信息的完整性和数据质量，并根据数据库中信息获取的难易程度，筛选出可用于检索的数据库初筛名单。

首先，根据数据库内信息，按照评估原则进行初步筛选。评估原则有 2 个。

（1）评估数据的完整性。主要考察数据库中信息是否能满足农药效应分析需要，数据是否完整，是否含有动物或人类健康毒性、生态毒性以及环境行为参数数据。

（2）评估数据的质量。数据质量的评估指标有 3 个，即可靠性、相关性和适当性。可靠性考察农药危害性数据是否按照标准的试验方法获得，对实验过程和结果的描述能否提出清晰而有说服力的证据；相关性考察数据和试验与某一特定效应分析的相关程度；适当性考察提供的数据对开展效应分析的有用性。

其次，结合农药风险评估的目的，考虑数据库中数据获取的难易程度。根据数据库获得所需资源的便利性、可查性和阅读便利性，本研究仅调查可在线查询和下载的数据库，排除了收费数据库、无法打开的数据库等。同时只保留中文或英文版本的数据库，排除了法文、德文、俄文、拉丁文和日文等版本的数据库。

根据以上方法和原则，按照 4 个步骤对数据库进行初筛。

（1）根据农药效应分析的需要，确定危害性评估所需的数据项。

（2）在备选数据库中，随机选取毒死蜱、乙草胺、乐果、吡虫啉和百菌清 5 种蔬菜常用农药的有效成分，通过每种有效成分的通用名和 CAS 号（见表 3.1）在各数据库的搜索栏进行初步检索，根据农药信息检索情况确定危害性评估可能使用到的数据库，并确定数据库中获得数据的完整性。

（3）对毒死蜱、乙草胺、乐果、吡虫啉和百菌清 5 种蔬菜常用农药有效成分按照数据项进行检索，并对可能使用到的数据库进行数据质量判定。

（4）确定初筛数据库。

表 3.1　用于初步检索的农药有效成分信息

有效成分名称	英文名	CAS
毒死蜱	chlorpyrifos	2921-88-2
乙草胺	acetochlor	34256-82-1
乐果	dimethoate	60-51-5
吡虫啉	Imidacloprid	138261-41-3
百菌清	chlorothalonil	1897-45-6

3.1.3　相关领域专家的判定

采用专家判定法，对发达国家及国际组织已有农药和化学品理化信息、健康危害性和环境危害性等初筛数据库进行判定。专家判定形式为专家会议研讨交流。

3.1.4　初筛数据源的确定

根据专家提出意见，结合农药危害性评估的现实需要，最终确定初筛数据源。

3.2　结果与讨论

3.2.1　农药危害性评估所需数据项的确定

农药健康毒性试验和环境毒性试验的结果是开展农药效应分析的重要依据，因此，可根据农药登记试验报告项目来确定农药效应评估所需的数据项。

3.2.1.1　农药健康危害性评估所需数据项的确定

根据《农药登记资料规定》，需要提交的试验和相关资料包括：急性毒性试验、亚慢（急）性毒性试验、致突变性试验、生殖毒性试验、致畸性试验、慢性毒性、致癌性试验、迟发性神经毒性试验、在动物体内的代谢资料、人群接触情况调查资料、相关杂质毒性资料等。根据试验数据获得的难易程度及与风险评估的相关性，将农药急性毒性、亚慢（急）性毒性、致突变性、生殖毒性、致畸性、致癌性和迟发性神经毒性7项指标确定为农药健康危害性评估所需数据项。

3.2.1.2　农药环境危害性评估所需数据项的确定

农药在使用过程中会对非靶标生物造成潜在的危害。环境中的非靶标生物种类很多，评估时只能选择有代表性的，并具有一定经济价值的生物品种，其中包括水生生物、陆生生物和土壤生物作为评价指标。根据《农药登记资料规定》，农药环境毒性试验需要提交的报告包括：鸟类急性经口和短期饲喂毒性试验、蜜蜂急性经口和接触毒性试验、鱼类、水蚤、藻类、家蚕、蚯蚓、天敌赤眼蜂、甲壳类和两栖类生物急性毒性试验。

根据试验数据获得的难易程度及与风险评估的相关性，将农药的鸟类、鱼类、水蚤、藻类、蜜蜂和蚯蚓毒性6项指标确定为农药环境危害性评估所需数据项。天敌赤眼蜂和家蚕属于中国特有物种，这部分数据无法从国外数据库中获得，其危害数据可根据科研需要从国内已发表科研文献和政府官方网站披露信息获得。

3.2.2　国际通用农药和化学品信息数据库筛选结果

3.2.2.1　理化危险性信息推荐数据库筛选结果

目前国际上公认的可以检索到农药理化性质的数据库主要有HSDB、OECD全球化学品门户网站和欧盟国际统一化学品信息数据库等9个，见表3.2。农药有效成分的物理危险性是人们最早研究的对象，积累了大量科研数据。很多在线数据库或权威工具书都能检索到农药的基本理化性质数据，如闪点、沸点、临界温度等，有些数据库还提供了化学物质的危害特性。目前，很多发达国家官方发布的化学物质理化信息都是比较成熟可靠的，这些信息都经过了专家审查认可，可直接使用。

表 3.2　农药基础理化性质数据源

名称	英文名	网址	主管部门	内容说明
美国国家医学图书馆危险物质数据库	Hazardous Substance Data Base	http://toxnet.nlm.nih.gov/cgibin/sis/htmlen?HSDB	NLM	收录化学物质对人体健康的影响、环境暴露、环境标准、理化性质、化学安全与处理、生产/利用信息、实验方法、类似物和衍生物及行政信息等
欧盟国际统一化学品信息数据库	International uniform chemical information database	http://iuclid.eu/	欧盟	由欧盟化学品局（ECB）创建，其中的数据未经同行评议（peer-reviewed），但理化性质的数据参考性较高
Landolt-Bornstein 在线数据库	The Landolt-Bornstein Data-base	http://www.springermaterials.com/navigation/index.html	德国施普林格出版社（Springer-Verlag）	该数据库共涉及 25 万种物质和材料，3 000 种属性，引用 120 万条文献
ICSC	International Chemical Safety Cards	http://www.brici.ac.cn/icsc	UNEP、国际劳工组织（ILO）和 WHO 与 EC 合作编辑	包括 2 000 多种化学物质的理化性质、健康危害和中毒症状、如何预防中毒和爆炸、急救/消防、泄漏处置措施、储存、包装与标志及环境数据等数据
美国阿克伦大学化学品数据库	The Chemical Database	http://ull.chemistry.uakron.edu/erd/	美国阿克伦大学	收录了 3 万余种化学品的理化性质及危害信息
《盖墨林无机与有机金属化学手册》	Gmelin Handbook of Inorganic and Organometallic Chemistry	—	德国化学会	收录了超过 240 万种化合物，包含 800 多种不同的化学和物理性质条目；超过 130 万种结构式

（续表）

名称	英文名	网址	主管部门	内容说明
《贝尔斯坦有机化学大全》	Beilstein Handbuch der Organixschen Chemie	—	德国化学家 Beilstein	收录了 700 余万种化学物质，包括化合物的分子结构、理化性质、鉴定分析方法、提纯或制备方法及参考文献
《乌尔曼工业化学百科全书》和《乌尔曼百科全书：工业有机化学品》	Ullmanns Encyklopaedie der technischen Chemie and Ullmann's Encyclopedia: Industrial Organic Chemicals	—	德国 Wllfgang Ger-hartz 公司	A 辑 28 卷，按字顺排列，内容涉及农药、化学品、化工制品、化工生产、应用和技术方面；B 辑按内容分为 8 卷，涉及主要化学理论知识和方法
《美国化学文摘》	Chemical Abstracts	—	美国化学文摘服务社	摘录了世界范围约 98% 的化学化工文献，内容涉及无机化学、有机化学、分析化学、物理化学、高分子化学等诸多学科领域

3.2.2.2 健康危害性信息推荐数据库筛选结果

国内鲜有对农药健康危害效应数据库进行系统归纳和整理的报道。通过数据库检索法、文献调研法和专家评判法初步筛选出美国、欧盟、日本、加拿大、澳大利亚、巴西、印度、新西兰以及 WTO、FAO、国际癌症研究机构等 82 个发达国家或国际组织可用于农药健康危害效应评估的数据库。按照数据库筛选方法，筛选除去 53 个数据库，最终保留 29 个初筛数据库。

根据提供数据源机构/组织的权威性，结合数据的完整性和质量，将29 个健康危害效应信息数据库分为 3 类，第一类数据库 12 个（表 3.3），第二类数据库 9 个（表 3.4），第三类数据库 8 个（表 3.5）。第一类数据库为发达国家政府或国际组织提供的数据库，这类数据库中的信息多以官方评价报告形式呈现，其数据质量可信度高，大部分可检索的数据均有出处和原始文献。例如，欧盟农药数据库、WHO 和 FAO 负责的农药数据表（PDSs）以及 EPA 负责的美国农药登记数据库等。

表 3.3　农药健康危害性第一类数据库

名称	网址	版权	内容说明
欧盟农药数据库	http://ec.europa.eu/food/plant/pesticides/eu-pesti-cides-database-redirect/index_en.htm	EC	收录了农药急性毒性、慢性毒性、发育毒性、致癌性和致畸性等危害信息
美国农药登记数据库	http://www.epa.gov/pesticides	EPA	收录了农药急性毒性、慢性毒性、发育毒性、致癌性和致畸性等危害信息
农药数据表（PDSs）	http://www.inchem.org/pages/pds.html	WHO/FAO	收录了农药单次/重复剂量毒性，致畸性、致突变性和致癌性等毒性危害信息
EHC	—	IPCS	收录了农药急性毒性、慢性毒性、短期和长期暴露毒性、遗传毒性和致癌性等毒性危害信息
毒物信息专著（PIMs）	http://www.inchem.org/pages/pims.html	IPCS	收录了农药急性毒性、慢性毒性、致癌性、致畸性和致突变性等毒性信息
卫生与安全指南（HSGs）	http://www.inchem.org/pages/hsg.html	IPCS	收录了急性毒性、慢性毒性、致癌性、致畸性和致突变性等毒性危害信息
美国环境保护局综合风险信息系统（EPA-IRIS）	http://cfpub.epa.gov/ncea/iris/index.cfm?fuseaction=iris.show-SubstanceList&list_type=alpha&view=all	EPA	收录了农药急性毒性、慢性毒性、发育毒性、致癌性和致畸性等危害信息

（续表）

名称	网址	版权	内容说明
新西兰有害物质和新化学物质信息数据库（HSNO-CCID）	http://www.epa.govt.nz/searchdatabases/Pages/HSNOCCID.aspx	新西兰环境保护局	收录了农药急性毒性、刺激性、致癌性、生殖毒性和特定靶器官毒性等毒性危害信息
美国毒理学计划NTP数据库搜索主页（NTP）	http://ntp.niehs.nih.gov/	美国国立卫生研究院	收录了农药急性毒性、慢性毒性、亚慢性毒性、致畸性和致癌性等危害信息
ATSDR	http://www.atsdr.cdc.gov/toxprofiles/index.asp	ATSDR	收录了农药不同途径暴露危害、遗传毒性和毒代动力学等毒性危害信息
癌症总结与评价	http://www.inchem.org/pages/iarc.html	国际癌症研究机构（IARC）	收录了农药致癌性信息
农药残留联席会议（JMPR）	http://www.inchem.org/pages/jmpr.html	WHO/ FAO	收录了农药急性毒性，致癌性、致畸性和致突变性等毒性和长期毒性等危害信息

　　第二类数据库收录了除第一类数据库以外的其他权威数据库。这类数据库包括各国具有 GLP 资格实验室或国家主管部门认可实验室提供的测试数据，国家学术机构发布的测试数据等，这类数据库收录的数据多数以毒性终点值的形式呈现，且多数数据均有出处，如 HSDB 等。

表 3.4　农药健康危害性第二类数据库

名称	网址	版权	内容说明
美国国家农药情报检索系统	National Pesticide Information Retrieval System 或 Pesticide Product Label System（PPLS）	EPA	收录的农药标签中含有健康毒性及急救措施等信息

（续表）

名称	网址	版权	内容说明
澳大利亚杀虫剂和兽药监管局数据库	http://apvma.gov.au/	澳大利亚杀虫剂和兽药监管局（APVMA）	收录了农药 ADI 等信息
PAN	http://www.pesticideinfo.org/	PANNA	收录了农药急性毒性、慢性毒性和人体健康毒性等危害性数据
化学品风险评估概要（PIERAC）	http://www.env.go.jp/en/chemi/chemicals/profile_erac/index.html	日本环境省（MOE）	收录了农药急性毒性、短期和长期毒性等危害数据
欧盟已登记物质数据库（ECHA CHEM）	http://echa.europa.eu/web/guest/information-on-chemi-cals/registeredsubstances	欧洲化学品管理局（ECHA）	收录了农药急性毒性，致癌性、致畸性和致突变性等毒性和长期毒性等危害信
HSDB	http://www.toxnet.nlm.nih.gov/cgi-bin/sis/htmlgen?HSDB	NLM	收录了农药急性毒性、慢性毒性、致癌性和生殖毒性等数据
化学致癌研究信息系统（CCRIS）	http://toxnet.nlm.nih.gov/cgibin/sis/htmlgen?CCRIS	国立癌症研究机构（NCI）	收录了农药致癌性信息
遗传毒性数据库（GENE-TOX）	http://toxnet.nlm.nih.gov/cgibin/sis/htmlgen?GENETOX	美国食品药品监督管理局	收录了农药遗传毒性信息
化学品风险信息平台（CHRIP）	http://www.safe.nite.go.jp/english/db.html	日本 NITE 化学品管理中心（CMC）	收录了农药急性毒性等健康危害信息

第三类数据库主要为农药或化学物质综合信息数据库。这类数据库通常只作为参考数据库，需要对采用数据质量进行审查后才能用于农药风险评价，例如，NLM 负责的致癌性数据库和美国职业安全与健康研究所编制的化学品危害袖珍手册等。

表 3.5　农药健康危害性第三类数据库

名称	网址	版权	内容说明
EPA 毒理学资源汇总（ACTOR）	http://actor.epa.gov/actor/faces/ACToRHome.jsp	EPA	收录了急性毒性、亚慢性毒性、生殖毒性致癌性和迟发神经毒性等危害信息
农药信息资料（PIPs）	http://extoxnet.orst.edu/pips/ghindex.html	加利福尼亚大学、俄勒冈州立大学、密歇根州立大学、康奈尔大学等	收录了农药残留信息
GESTIS	http://gestis-en.itrust.de/nxt/gateway.dll?f=templates&fn=default.htm&vid=gestiseng:sdbeng	IFA	收录了急性毒性等危害信息
致癌物质数据库（CPDB）	http://potency.berkeley.edu/	NLM	收录了致癌性数据
化学品职业安全与健康	http://www.cdc.gov/niosh/topics/chemical.html	NIOSH	收录了急性毒性等危害信息
化学品危害特性袖珍手册	http://www.cdc.gov/niosh/npg/default.html	NIOSH	收录了急性毒性等危害信息
ICSC	http://www.inchem.org/pages/icsc.html	联合国国际化学品安全规划机构和 EC	收录了急性毒性等危害信息
危险化学品和职业病信息数据库（Haz-Map）	http://hazmap.nlm.nih.gov/	NLM	收录了急性毒性等危害信息

3.2.2.3　环境危害性信息推荐数据库筛选结果

通过数据库检索法、文献调研法和专家评判法初步筛选了发达国家或国际组织可用于农药环境危害效应评估的数据库，按照数据库筛选方法，参考用于农药环境危害效应评估所需的 6 个数据项，共整理筛选出 18 个初筛数据库。

表 3.6　农药环境危害性第一类数据库数据源

数据源名称	网址	版权	内容说明
欧盟农药数据库	http://ec.europa.eu/food/plant/pesticides/eu-pesti-cides-database-redirect/index_en.htm	EC	收录了农药水生生物、鸟类、蜜蜂等环境危害信息
美国农药登记数据库	http://www.epa.gov/pesticides	EPA	收录了农药水生生物、鸟类、蜜蜂等环境危害信息
农药数据表（PDSs）	http://www.inchem.org/pages/pds.html	FAO	收录了农药水生生物、鸟类、蜜蜂等环境危害信息
EPA 综合风险信息系统（EPA-IRIS）	http://cfpub.epa.gov/ncea/iris/index	EPA	收录了农药水生生物毒性等环境危害信息
EHC	http://www.who.int/ipcs/publications/ehc/en/index.html	IPCS	收录了农药水生生物毒性等环境危害信息
新西兰有害物质和新化学物质数据库（HSNO-CCID）	http://www.epa.govt.nz/search-databases/Pages/HSNO-CCID.aspx	新西兰环境保护局	收录了农药水生生物毒性等环境危害信息

根据提供数据源机构 / 组织的权威性，结合数据的完整性和质量，将 18 个环境危害效应数据库分为 3 类，第一类数据库 6 个（表 3.6），第二类数据库 8 个（表 3.7），第三类数据库 4 个（表 3.8）。第一类数据库中大部分是农药健康危害效应第一类数据库，这些数据库均为发达国家管理部门或国际组织提供的数据库，具有一定的权威性。例如，WHO 和 FAO 负责的 PDSs，EPA 开发的美国农药登记数据库和欧盟的农药数据库等。

第二类数据库能检索到各国具有 GLP 资格实验室或国家主管部门认可实验室提供的测试数据，国家学术机构发布的测试数据等，这些数据库中关于农药水生毒性的数据比较多，例如，鱼类（96 h）、水蚤（48 h）和藻类（72 h）急性毒性等。这类数据库主要包括生态毒理学数据库（ECOTOX）、化学品风险信息平台（CHRIP）和 HSDB 等。

表 3.7　农药环境危害性第二类数据库数据源

名称	网址	版权	内容说明
生态毒理学数据库（ECOTOX）	http://cfpub.epa.gov/ecotox/	EPA 研究和发展办公室（ORD）和国家健康环境影响研究实验室	收录了农药鱼类、藻类和水蚤等水生生物、鸟类、蜜蜂等环境危害信息
PAN	http://www.pesticideinfo.org/	PANNA	收录了农药鱼类、藻类和水蚤等水生生物、鸟类、蜜蜂等环境危害信息
日本化学品环境风险评估概（PIERAC）	http://www.env.go.jp/en/chemi/chemicals/profile_erac/index.html	日本环境省（MOE）	收录了农药水生生物等环境危害信息
日本化学品初步风险评估（IRA）	http://www.safe.nite.go.jp/english/risk/initial_risk.html	日本国家产品评价技术基础机构（NITE）	收录了农药水生生物等环境危害信息
化学品风险信息平台（CHRIP）	http://www.safe.nite.go.jp/english/db.html	NITE 化学品管理中心（CMC）	收录了农药水生生物等环境危害信息
国际统一化学品信息数据库（IUCLID）	http://esis.jrc.ec.europa.eu/index.php?PGM=dat	欧盟委员会联合研究中心健康和消费者保护研究所（IHCP）	收录了农药水生生物等环境危害信息
HSDB	http://www.toxnet.nlm.nih.gov/cgibin/sis/htmlgen?HSDB	NLM	收录了鱼类等水生生物，鸟类、蜜蜂危害信息等
欧盟已登记物质数据库（ECHACHEM）	http://echa.europa.eu/web/guest/information-on-chemicals/registered-substances	欧盟化学品管理局（ECHA）	收录了农药鱼类、藻类和水蚤等环境危害信息

农药环境危害性第三类数据库中的数据仅可作为参考数据源，需要对

数据质量进行审查后才能使用，例如，国际化学品安全卡（ICSC）、危险物质数据库（GESTIS）和文献服务检索系统（PubMed）等。

表 3.8　农药环境危害性第三类数据库数据源

名称	网址	版权	内容说明
ICSC	http://www.inchem.org/ pages/icsc.html	IPCS 和 EC	收录了部分农药环境危害信息
GESTIS	http://gestisen.itrust. de/nxt/gateway.dll?f= templates&fn=default. htm&vid=gestiseng:sdbeng	IFA	收录了部分农药环境危害信息
PubMed	http://www.ncbi.nlm.nih. gov/pubmed/	NLM 国家生物技术信息中心（NCBI）	收录了部分农药环境危害信息。
化学品危害特性袖珍手册	http://www.cdc.gov/niosh/ npg/default.html	NIOSH	收录了部分农药环境危害信息。

3.2.2.4　农药危害性信息数据库使用规则

开展农药危害性评估前，应准确收集质量最佳的数据。本研究筛选了 29 个农药健康危害性信息数据库和 18 个环境危害性信息数据库。在开展研究过程中还检索了其他国家的农药信息数据库，如俄罗斯、巴西和德国等国家，尽管这些数据库均由官方发布，其数据质量也具有一定的权威性，大部分可检索的数据均有出处和原始文献。但是由于语言非英语或中文，不便于中国科研人员检索和使用，因此本研究没有收录这类数据库。

在查询农药危害性数据时，优先对第一类数据库的所有可获得评估文件进行查询，如能获得信息，则优先采纳第一类数据库中的信息；如果第一类数据库没有相关数据或数据不全，则记录在第一类数据库中检索到的数据，而后继续查找第二类数据库中的信息；如果第二类数据库没有相关数据或数据不全，则记录在第一类和第二类数据库中检索到的数据，而后继续查找第三类数据库中的信息。但第三类数据库中信息仅作为参考，如有必要则需要经过专家判断后方可使用。

利用不同的数据库查询农药危害性数据有时会得到不同的结果，一般遵循以下原则进行处理：第一，当相同类别数据库检索的数据出现矛盾或不一致时，选取最新公布的数据或者认为更可靠出版物提供的数据；第二，当一种途径获得的数据与其他途径获得的数据出现偏差时，应该查找数据原始文献，并核实试验方法和数据的可靠性，必要时还需进行专家数据评判，排除明显不合理的数据；第三，当存在多组数据，而根据不一致的数据会导致严重的风险评估偏差时，需要视多组数据情况，按照"最坏情况假设"原则选择数据，即尽可能地选择农药危害性最严重的那组数据；第四，有试验数据应该尽量采用试验数据，在没有试验数据的情况下可以使用计算毒理学模型预测数据；第五，应谨慎采用来自二次文献源的数据，如引文、综述或评论中的数据，如需采用应对数据进行审查，尽可能选择能够详细说明试验方法的数据，以便可以进行质量评估，最终判断是否可以用于农药风险评价；第六，在相同级别数据库中，虽然各数据库所涵盖的内容不同，但相同类别所列数据库的可信度相似，其使用的优先次序相同。即同一类数据库中所列的数据源清单，不再区分优先次序。最后，在开展农药风险评估过程中，使用的数据并不局限于本研究所列数据库中的数据，当能够判定数据的完整性和质量时，从其他数据源获取的数据也可以使用。

3.2.3　讨论

农药风险评估是基于科学、可靠的数据开展的，因此开展评估前需要尽可能多地掌握农药数据信息。选择合适的数据库，并从中找到各类农药危害性信息是科学、准确开展农药风险评估的基础。目前，我国尚未建立官方认可的农药信息数据库。农药危害性信息严重匮乏，信息可获得途径较少，农药毒性信息、环境行为参数以及潜在环境影响等基础信息都很难通过国内数据库查询获得。然而，国际上有关农药理化参数和危害性信息的数据库越来越多，为人们了解农药特性提供了可靠的检索途径。进入 21 世纪以来，发达国家依托强大的科研基础和多年积累的数据及成果，对获得的农药等化学品的危害性信息进行整合，陆续开发了各自国家的农药或化学品参数数据库，数据的科学性、全面性和可靠性也在不断提升。本研究对数据的可靠性、适用性和充分性进行系统评估，将农药健康和环境危害性数据库分为 3 类，分别为一类数据库、二类数据库和三类数据源（参考数据库），可以为农药风险评估提供技术支撑。

3.3　本章小结

为确保有充足的、高质量的数据，采用数据库检索法、文献调研法和专家评判法，调研了国际上常用农药危害性信息数据库，筛选出适合我国农药效应评估引用的 9 个理化性质数据库，29 个健康危害性信息数据库（其中第一类数据库 11 个，第二类数据库 10 个，第三类数据库 8 个）和 18 个环境危害性信息数据库（其中第一类数据库 6 个，第二类数据库 8 个，第三类数据库 4 个），可为农药风险评估提供数据保障。

第4章

蔬菜常用农药使用对典型陆生生物影响的风险评估

我国国土面积广阔，鸟类资源丰富。目前已查明我国共有 1 244 种鸟类，约占全球已知鸟类的 14%。鸟类是自然生态系统中的宝贵物种，对维护生态平衡发挥着重要作用。我国是农药生产和使用大国，农药的不合理使用可能对自然生态系统中鸟类的生息构成巨大威胁，如江苏盐城珍禽保护区因施用农药导致大量鸟类中毒甚至死亡。国内鲜有蔬菜常用农药鸟类风险评估的报道。蔬菜生产中，在喷施农药场景下，鸟类可能因摄食而造成中毒致死风险；鸟类将经农药处理的种子当作食物摄取，或将颗粒剂当作沙砾或土壤构成摄取等均可能引起中毒风险。科学、合理地评估农药对鸟类的风险对农药登记和化学品环境管理均具有重要意义。

蜜蜂是自然界重要的传粉昆虫，约 73% 的作物授粉由蜜蜂完成，授粉质量往往决定了作物的品质和产量，因此蜜蜂具有重要的经济价值和生态价值。蜜蜂体态较小、周身被毛、移动性强，对环境非常敏感，被誉为环境污染生物指示器。蔬菜是重要的蜜源作物，对蜜蜂吸引力大，化学农药的大量使用可能对蜜蜂造成不可接受风险，尤其在花期，蜜蜂中毒事件时有发生。科学评估农药对蜜蜂的风险是农药研发和管理过程中需要考虑的重要课题，对于农业生产具有重要意义。

本研究通过收集蔬菜常用农药对鸟类和蜜蜂等陆生生物的危害性信

息，分析鸟类和蜜蜂可能的暴露途径和暴露剂量，评估在非靶标鸟类和蜜蜂经常活动的区域使用时，对鸟类和蜜蜂个体可能造成的风险。本研究的目的在于识别出对非靶标生物具有不可接受风险的农药，为科学的农药登记以及环境管理提供参考依据。

4.1 研究方法

4.1.1 蔬菜常用农药使用对陆生生物初级暴露剂量估算方法

4.1.1.1 鸟类初级暴露剂量估算

采用数据检索法，调查蔬菜常用农药田间施用量和每季最多使用次数，数据检索自"农药信息网"，均为取得农药正式登记产品标签中标注的最大值。暴露评估参数和方法参考 NY/T 2882.3—2016《农药登记 环境风险评估指南 第 3 部分：鸟类》的方法，按照公式 4.1 和公式 4.2 分别计算 PED_{acute} 和 $PED_{short\text{-}term}$ 值。

$$PED_{acute} = FIR_{BW \cdot d} \times RUD_{90} \times AR_b \times MAF_{90} \times 10^{-3} \qquad (4.1)$$

式中，PED_{acute}——急性预测暴露剂量，单位为 mg a.i./（kg BW · d）；

$FIR_{BW \cdot d}$——指示物种每克体重每日食物摄取量，单位为 g/（g BW · d）；

RUD_{90}——第 90 百分位的单位面积施药剂量的食物农药残留量，单位为（mg a.i. /kg 食物）/（kg a.i. /hm^2）；

AR_b——推荐的单位面积农药最高施药剂量，单位为 g a.i. / hm^2；

MAF_{90}——RUD_{90} 对应的多次施药因子；

10^{-3}——单位换算系数。

$$PED_{short\text{-}term} = FIR_{BW \cdot d} \times RUD_{mean} \times AR_b \times MAF_{mean} \qquad (4.2)$$

式中，$PED_{short\text{-}term}$——短期预测暴露剂量，单位为 mg a.i./（kg BW·d）；

RUD_{mean}——单位面积施药剂量的食物农药残留量的算术平均值，单位为（mg a.i. /kg 食物）/（kg a.i. /hm²）；

MAF_{mean}——RUD_{mean} 对应的多次施药因子。

4.1.1.2 蜜蜂初级暴露剂量估算

初级暴露分析中不计算 PED_{bee}，采用农药单次最高施药剂量作为暴露量，施药剂量检索自"农药信息网"，均为取得农药正式登记产品标签中标注的最大值。

4.1.2 蔬菜常用农药陆生生物危害性识别

4.1.2.1 生态毒性数据筛选

采用数据检索法，调查蔬菜常用农药生态毒性数据。数据全部来自 18 个农药环境危害性数据库，并按照第 3 章的原则选择数据。鸟类毒性终点值主要采用急性 LD_{50}、短期饲喂 LC_{50} 和慢性繁殖毒性指标无观察效应浓度（$NOEC_b$）。蜜蜂毒性终点值采用意大利蜂或东方蜜蜂急性经口或接触 LD_{50}。

所有引用的生态毒性数据要求有明确的测试终点、测试时间以及对测试阶段或指标的详细描述。当同一物种具有多个毒性终点数据时选择数据最小值（即毒性最高值）；当有多个物种的数据但不足以进行 SSD 分析时，选择每个物种毒性终点数据的最小值后取几何平均值；上述数据处理过程采用 Microsoft Office Excel 2010 软件进行。

4.1.2.2 毒性效应评估

（1）鸟类毒性效应评估。采用数据检索法，获得鸟类急性和短期毒性数据。采用评估因子法，参考 NY/T 2882.3—2016《农药登记 环境风险评估指南 第 3 部分：鸟类》的方法按照公式 4.3 计算 $PNEC_b$，其中评估因子根据获得的毒性数据的不同情况分别选择 10、10、5，见表 4.1。

$$PNED_b = \frac{EnP}{UF} \tag{4.3}$$

式中，$PNED_b$——预测无效应剂量，单位为 mg a.i. /kg BW·d；

EnP——毒性试验终点，单位为 mg a.i. /kg BW·d；

UF——不确定性因子。

表 4.1　鸟类毒性效应评估不确定性因子效应

类型	暴露方式	毒性终点确定	不确定性因子
急性	经口	LD_{50} 最低值	10
短期	饲喂	LD_{50} 最低值	10
长期	繁殖	$NOED$ 最低值	5

因短期饲喂试验结果以 LC_{50} 表示，其单位为"mg a.i. /kg 食物"，故应使用试验鸟类的平均体重和每天平均食物消费量换算获得 LD_{50}，换算如公式 4.4 所示：

$$LD_{50}=LC_{50} \times AFI/BW \qquad (4.4)$$

式中，LD_{50}——短期饲喂毒性试验半数致死剂量，单位为 mg a.i./kg BW·d；

LC_{50}——短期饲喂毒性试验半数致死浓度，单位为 mg a.i. /kg 食物；

AFI——平均食物消费量，单位为 g 食物 /（kg BW·d）；

BW——鸟类平均体重，单位为 g。

（2）蜜蜂毒性效应评估。采用喷施方式施药，无须确定 $PNED_{bee}$ 值，但在喷施农药暴露场景下应获取蜜蜂经口或接触毒性中毒性较高的数据终点 LD_{50}，用于进一步的风险评价。无法查询获得的 LD_{50} 按 GB/T 31270.10—2014 中描述的方法进行测试。

4.1.3 蔬菜常用农药使用对陆生生物的风险表征

4.1.3.1 鸟类风险表征方法

在获得暴露分析和效应评估结果后，可用 RQ_b 对鸟类受到的风险分别进行表征，RQ_b 按公式 4.5 计算：

$$RQ_b = \frac{PED_b}{PNED_b} \qquad (4.5)$$

式中，PED_b——鸟类预测暴露剂量，单位为 mg a.i./kg BW·d；

$PNED_b$——鸟类预测无效应剂量；单位为 mg a.i./kg BW·d；

若 $RQ_b \leq 1$，则风险可接受；若 $RQ_b > 1$，则风险不可接受。

4.1.3.2 蜜蜂风险表征方法

喷施农药暴露场景的 RQ_{bee} 计算见公式 4.6：

$$RQ_{bee} = \frac{AR_{bee}}{LD_{50} \times 50} \qquad (4.6)$$

式中，RQ_{bee}——喷施农药暴露场景的风险商值；

AR_{bee}——推荐的农药单次最高施用量，单位为 g a.i./hm²；

LD_{50}——经口和接触的蜜蜂半致死剂量，单位为 μg a.i./bee。

当 RQ_{bee} 值 ≤ 1 时，风险可接受；当 RQ_{bee} 值 > 1，风险不可接受。

4.2 结果与讨论

4.2.1 鸟类风险评估

4.2.1.1 暴露评估

（1）急性暴露剂量。高效氯氟氰菊酯等蔬菜常用农药鸟类初级急性预测暴露剂量估算结果见表 4.2。结果表明，蔬菜常用农药急性暴露剂量 PED_{acute} 范围为 0.09~110.22 mg a.i./（kg BW·d），其中最高值为三乙膦酸铝，最低值为甲氨基阿维菌素苯甲酸盐。

表 4.2 蔬菜常用农药鸟类急性预测暴露剂量

有效成分	$FIR_{BW \cdot d}$ [g/(gBW·d)]	RUD_{90} [(mg a.i./kg 食物)/(kg a.i./hm²)]	AR_b (kg a.i./hm²)	施药次数(次)	MAF_{90}	PED_{acute} [mg a.i./(kg BW·d)]
高效氯氟氰菊酯	0.52	46	0.0225	3	1.6	0.86
甲氨基阿维菌素苯甲酸盐	0.52	46	0.003	2	1.2	0.09
代森锰锌	0.52	46	2.52	3	1.6	96.45
百菌清	0.52	46	2.4	4	1.8	103.33
吡虫啉	0.52	46	0.06	2	1.4	2.01
敌敌畏	0.52	46	0.96	2	1.4	32.15
毒死蜱	0.52	46	0.54	3	1.6	20.67
烯酰吗啉	0.52	46	0.3	3	1.5	10.76
多菌灵	0.52	46	1.5	2	1.3	46.64
福美双	0.52	46	1.05	3	1.6	40.19
嘧霉胺	0.52	46	0.562 5	3	1.6	21.53
异菌脲	0.52	46	0.75	3	1.6	28.70
虫酰肼	0.52	46	1.3	2	1.4	43.53
二甲戊灵	0.52	46	0.742 5	1	1.0	17.76
三乙膦酸铝	0.52	46	2.88	3	1.6	110.22
乙草胺	0.52	46	1.215	1	1.0	29.06
敌百虫	0.52	46	1.2	2	1.4	40.19
灭蝇胺	0.52	46	0.21	3	1.6	8.04
烯草酮	0.52	46	0.09	1	1.0	2.15
四聚乙醛	0.52	46	0.75	2	1.4	25.12
嘧菌酯	0.52	46	0.337 5	3	1.6	12.92
氯虫苯甲酰胺	0.52	46	0.041 25	2	1.4	1.38

（续表）

有效成分	$FIR_{BW \cdot d}$ [g/（g BW·d）]	RUD_{90} [（mg a.i./ kg 食物）/ （kg a.i./hm²）]	AR_b （kg a.i./hm²）	施药 次数 （次）	MAF_{90}	PED_{acute} [mg a.i./（kg BW·d）]
吡蚜酮	0.52	46	0.126	2	1.4	4.22
虫螨腈	0.52	46	0.18	2	1.4	6.03
氟啶 虫酰胺	0.52	46	0.075	3	1.6	2.87

（2）短期暴露剂量。对高效氯氟氰菊酯等蔬菜常用农药鸟类短期暴露剂量进行预测（表4.3），结果表明，蔬菜常用农药短期暴露剂量 $PED_{short-term}$ 范围为 0.05~62.90 mg a.i./（kg BW·d），其中最高值是三乙膦酸铝，最低值是甲氨基阿维菌素苯甲酸盐。

表 4.3　蔬菜常用农药鸟类短期预测暴露剂量

有效成分	$FIR_{BW \cdot d}$ [g/（g BW·d）]	RUD_{mean} [（mg a.i./ kg 食物）/（kg a.i. /hm²）]	AR_b （kg a.i./hm²）	施药 次数 （次）	MAF_{mean}	$PED_{short-term}$ [mg a.i./（kg BW·d）]
高效氯氟氰菊酯	0.52	21	0.022 5	3	2.0	0.49
甲氨基阿维菌素苯甲酸盐	0.52	21	0.003	2	1.4	0.05
代森锰锌	0.52	21	2.52	3	2.0	55.04
百菌清	0.52	21	2.4	4	2.2	57.66
吡虫啉	0.52	21	0.06	2	1.6	1.05
敌敌畏	0.52	21	0.96	2	1.6	16.77
毒死蜱	0.52	21	0.54	3	2.0	11.79
烯酰吗啉	0.52	21	0.3	3	1.8	5.90
多菌灵	0.52	21	1.5	2	1.5	24.57
福美双	0.52	21	1.05	3	2.0	22.93

（续表）

有效成分	$FIR_{BW \cdot d}$ [g/（g BW·d）]	RUD_{mean} [（mg a.i. / kg 食物）/（kg a.i. /hm²）]	AR_b （kg a.i./ hm²）	施药次数（次）	MAF_{mean}	$PED_{short\text{-}term}$ [mg a.i./（kg BW·d）]
嘧霉胺	0.52	21	0.562 5	3	2.0	12.29
异菌脲	0.52	21	0.75	3	2.0	16.38
虫酰肼	0.52	21	1.3	2	1.6	22.71
二甲戊灵	0.52	21	0.742 5	1	1.0	8.11
三乙膦酸铝	0.52	21	2.88	3	2.0	62.90
乙草胺	0.52	21	1.215	1	1.0	13.27
敌百虫	0.52	21	1.2	2	1.6	20.97
灭蝇胺	0.52	21	0.21	3	2.0	4.59
烯草酮	0.52	21	0.09	1	1.0	0.98
四聚乙醛	0.52	21	0.75	2	1.6	13.10
嘧菌酯	0.52	21	0.337 5	3	2.0	7.37
氯虫苯甲酰胺	0.52	21	0.041 25	2	1.6	0.72
吡蚜酮	0.52	21	0.126	2	1.6	2.20
虫螨腈	0.52	21	0.18	2	1.6	3.14
氟啶虫酰胺	0.52	21	0.075	3	2.0	1.64

4.2.1.2　效应评估

通过数据库检索法和文献查询法，收集到高效氯氟氰菊酯等蔬菜常用农药鸟类急、慢性毒性效应数据共 112 个，每个数据均有明确的供试物种、毒性终点、染毒方法等信息，全部数据均经过同行评审，见表 4.4。

表 4.4　蔬菜常用农药鸟类毒性效应数据

有效成分	物种名称	测试时间	毒性终点	染毒方法	毒性值（mg/kg）	同行评审	数据来源
高效氯氟氰菊酯	绿头鸭	—	LD_{50}	经口	>3 950.0	是	HSDB
	绿头鸭	—	LD_{50}	经口	>5 000.0	是	HSDB
	绿头鸭	8d	LC_{50}	饲喂	3 948.0	是	HSDB
	绿头鸭	8d	LC_{50}	饲喂	>4 430.0	是	HSDB
	山齿鹑	—	LD_{50}	经口	>2 000.0	是	HSDB
	山齿鹑	—	LC_{50}	饲喂	2 794.0	是	HSDB
	山齿鹑	8d	LC_{50}	饲喂	>5 300.0	是	HSDB
甲氨基阿维菌素苯甲酸盐	绿头鸭	—	LD_{50}	经口	76.0	是	HSDB
	绿头鸭	5d	LD_{50}	饲喂	95.0	是	HSDB
代森锰锌	英格兰麻雀	—	LD_{50}	经口	1 500.0	是	HSDB
	山齿鹑	5d	LD_{50}	饲喂	860.0	是	HSDB
百菌清	绿头鸭	9d	LC_{50}	饲喂	2 000.0	是	HSDB
	绿头鸭	8d	LC_{50}	饲喂	>10 000.0	是	HSDB
	绿头鸭	—	LD_{50}	经口	>4 640.0	是	HSDB
	日本鹌鹑	—	LD_{50}	经口	>2 000.0	是	HSDB
	山齿鹑	8d	LC_{50}	饲喂	> 10 000.0	是	HSDB
吡虫啉	山齿鹑	—	LD_{50}	经口	152.0	是	HSDB
	日本鹌鹑	14d	LD_{50}	饲喂	31.0	是	HSDB
敌敌畏	日本鹌鹑	—	LD_{50}	经口	265.0	是	HSDB
	绿头鸭	8d	LC_{50}	饲喂	>5 000.0	是	HSDB
	绿头鸭	8d	LC_{50}	饲喂	1317.0	是	HSDB
	山齿鹑	8d	LC_{50}	饲喂	>4 640.0	是	HSDB
	山齿鹑	—	LD_{50}	经口	8.8	是	HSDB
	环颈雉	8d	LC_{50}	饲喂	568.0	是	HSDB
	环颈雉	—	LD_{50}	经口	11.3	是	HSDB
毒死蜱	日本鹌鹑	5d	LC_{50}	饲喂	293.0	是	HSDB
	日本鹌鹑	—	LD_{50}	经口	15.9	是	HSDB

（续表）

有效成分	物种名称	测试时间	毒性终点	染毒方法	毒性值（mg/kg）	同行评审	数据来源
	日本鹌鹑	—	LD_{50}	经口	17.8	是	HSDB
	绿头鸭	—	LD_{50}	经口	75.6	是	HSDB
	绿头鸭	—	LD_{50}	经口	167.0	是	HSDB
	山齿鹑	5 d	LC_{50}	饲喂	851.8	是	HSDB
	山齿鹑	28 d	LC_{50}	饲喂	478.5	是	HSDB
	山齿鹑	28 d	LC_{50}	饲喂	1 100.0	是	HSDB
毒死蜱	山齿鹑	—	LD_{50}	经口	32.0	是	HSDB
	环颈雉	8 d	LC_{50}	饲喂	553.0	是	HSDB
	环颈雉	—	LD_{50}	经口	8.4	是	HSDB
	环颈雉	—	LD_{50}	经口	17.7	是	HSDB
	石鸡	—	LD_{50}	经口	60.7	是	HSDB
	石鸡	—	LD_{50}	经口	61.6	是	HSDB
	麻雀	—	LD_{50}	经口	21.0	是	HSDB
	加拿大鹅	—	LD_{50}	经口	>80.0	是	HSDB
	山齿鹑	8 d	LC_{50}	饲喂	>5 300.0	是	HSDB
烯酰吗啉	绿头鸭	—	LD_{50}	经口	>2 000.0	是	HSDB
	绿头鸭	8 d	LC_{50}	饲喂	>5 300.0	是	HSDB
	山齿鹑	—	LD_{50}	经口	>2 000.0	是	HSDB
	日本鹌鹑	—	LD_{50}	经口	10 996.0	是	HSDB
多菌灵	绿头鸭	—	LC_{50}	饲喂	5 000.0	是	HSDB
	绿头鸭	—	LD_{50}	经口	>2 800.0	是	HSDB
	环颈雉	—	LD_{50}	经口	673.0	是	HSDB
	红翅黑鹂	—	LD_{50}	经口	>100.0	是	HSDB
福美双	紫翅椋鸟	14 d	LD_{50}	经口	>100.0	是	HSDB
	日本鹌鹑	8 d	LC_{50}	饲喂	>5 000.0	是	HSDB
	山齿鹑	8 d	LC_{50}	饲喂	3 950.0	是	HSDB

（续表）

有效成分	物种名称	测试时间	毒性终点	染毒方法	毒性值（mg/kg）	同行评审	数据来源
嘧霉胺	绿头鸭	—	LD_{50}	经口	>2 000.0	是	HSDB
	山齿鹑	—	LD_{50}	经口	>2 000.0	是	HSDB
	山齿鹑	5d	LD_{50}	饲喂	>873.6	是	HSDB
异菌脲	山齿鹑	—	LD_{50}	经口	>2 000.0	是	HSDB
	绿头鸭	—	LD_{50}	经口	10 400.0	是	HSDB
	绿头鸭	5d	LC_{50}	饲喂	>5 620.0	是	HSDB
虫酰肼	鹌鹑	—	LD_{50}	经口	>2 150.0	是	HSDB
	绿头鸭	8d	LC_{50}	饲喂	>5 000.0	是	HSDB
二甲戊灵	绿头鸭	8d	LD_{50}	经口	1 421.0	是	HSDB
	绿头鸭	8d	LC_{50}	饲喂	>4 640.0	是	HSDB
	山齿鹑	8d	LC_{50}	饲喂	4 187.0	是	HSDB
三乙膦酸铝	绿头鸭	8d	LC_{50}	饲喂	>20 000.0	是	HSDB
	山齿鹑	—	LD_{50}	经口	>8 000.0	是	HSDB
	山齿鹑	8d	LC_{50}	饲喂	>20 000.0	是	HSDB
	日本鹌鹑	—	LD_{50}	经口	4 997.0	是	HSDB
乙草胺	山齿鹑	8d	LC_{50}	饲喂	>4 610.0	是	HSDB
	绿头鸭	8d	LC_{50}	饲喂	>4 171.0	是	HSDB
	山齿鹑	—	LD_{50}	经口	49.0	是	HSDB
	山齿鹑	—	LD_{50}	经口	1 567.0	是	HSDB
	绿头鸭	—	LD_{50}	经口	1 788.0	是	HSDB
敌百虫	山齿鹑	—	LD_{50}	经口	<106.0	是	HSDB
	山齿鹑	—	LC_{50}	饲喂	720.0	是	HSDB
	日本鹌鹑	—	LC_{50}	饲喂	1 901.0	是	HSDB
	环颈雉	—	LC_{50}	饲喂	3 401.0	是	HSDB
	环颈雉	—	LD_{50}	经口	95.9	是	HSDB
	绿头鸭	—	LC_{50}	饲喂	>5 000.0	是	HSDB
	绿头鸭	—	LD_{50}	经口	40.0	是	HSDB
	紫翅椋鸟	—	LD_{50}	经口	47.0	是	HSDB

（续表）

有效成分	物种名称	测试时间	毒性终点	染毒方法	毒性值（mg/kg）	同行评审	数据来源
灭蝇胺	绿头鸭	14 d	LD_{50}	经口	>2 510.0	是	HSDB
	绿头鸭	8 d	LC_{50}	饲喂	>5 620.0	是	HSDB
	山齿鹑	14 d	LD_{50}	经口	1 785.0	是	HSDB
	山齿鹑	8 d	LC_{50}	饲喂	>5 620.0	是	HSDB
烯草酮	山齿鹑	8 d	LC_{50}	饲喂	>4 270.0	是	HSDB
	山齿鹑	—	LD_{50}	经口	>2 000.0	是	HSDB
	绿头鸭	8 d	LC_{50}	饲喂	>3 978.0	是	HSDB
四聚乙醛	日本鹌鹑	—	LD_{50}	经口	181.0	是	HSDB
	绿头鸭	—	LD_{50}	经口	196.0	是	HSDB
	环颈雉		LD_{50}	经口	262.0	是	HSDB
	日本鹌鹑	5 d	LC_{50}	饲喂	3 460.0	是	HSDB
嘧菌酯	山齿鹑	—	LD_{50}	经口	>2 000.0	是	HSDB
	山齿鹑	—	LC_{50}	饲喂	>5 200.0	是	HSDB
	绿头鸭	—	LD_{50}	经口	>250.0	是	HSDB
嘧菌酯	日本鹌鹑	5 d	LC_{50}	饲喂	2 962.0	是	HSDB
	环颈雉	5 d	LC_{50}	饲喂	2 639.0	是	HSDB
	山齿鹑	—	LD_{50}	经口	>2 250.0	是	HSDB
氯虫苯甲酰胺	山齿鹑	—	LD_{50}	经口	>2 000.0	是	HSDB
	山齿鹑	—	LD_{50}	经口	>2 250.0	是	HSDB
	山齿鹑	5 d	LC_{50}	饲喂	>1 729.0	是	HSDB
吡蚜酮	北美鹑	—	LD_{50}	经口	>2 000.0	是	HSDB
	北美鹑	8 d	LC_{50}	—	>5 200.0	是	HSDB
	山齿鹑	—	LD_{50}	经口	34.0	是	HSDB
	绿头鸭	—	LD_{50}	经口	10.3	是	HSDB
虫螨腈	红翅黑鹂	—	LD_{50}	经口	2.2	是	HSDB
	山齿鹑	28 d	LC_{50}	饲喂	148.0	是	HSDB
	绿头鸭	28 d	LC_{50}	饲喂	8.1	是	HSDB

（续表）

有效成分	物种名称	测试时间	毒性终点	染毒方法	毒性值（mg/kg）	同行评审	数据来源
氟啶虫酰胺	山齿鹑	—	LD_{50}	经口	>2 000.0	是	HSDB
	绿头鸭	—	LD_{50}	经口	1 591.0	是	HSDB
	山齿鹑	5 d	LD_{50}	饲喂	>411.0	是	HSDB
	绿头鸭	5 d	LD_{50}	饲喂	>301.8	是	HSDB

按照 NY/T 2882.3—2016《农药登记 环境风险评估指南 第 3 部分：鸟类》的方法，对收集到的 112 个蔬菜常用农药鸟类急、慢性毒性效应数据进行分析处理，共得到 50 个毒性终点，共推导得到 $PNEC_b$ 50 个，其中急性 $PNED_{acute}$ 值 25 个，范围为 0.92~1 099.6 mg a.i./（kg BW·d）；短期 $PNED_{short-term}$ 值 25 个，范围为 1.8~1 040.0 mg a.i./（kg BW·d）。效应评估结果见表 4.5。

表 4.5　蔬菜常用农药鸟类毒性效应评估结果

有效成分	$PNED_{acute}$ [mg a.i./（kg BW·d）]	$PNED_{short-term}$ [mg a.i./（kg BW·d）]
高效氯氟氰菊酯	340.5	208.6
甲氨基阿维菌素苯甲酸盐	7.6	9.5
代森锰锌	150.0	86.0
百菌清	304.6	304.1
吡虫啉	15.2	3.1
敌敌畏	3.0	106.1
毒死蜱	3.5	30.8
烯酰吗啉	200.0	275.6
多菌灵	1 099.6	260.0
福美双	37.1	231.1
嘧霉胺	200.0	87.4
异菌脲	456.1	292.2

（续表）

有效成分	$PNED_{acute}$ [mg a.i./ (kg BW · d)]	$PNED_{short\text{-}term}$ [mg a.i./ (kg BW · d)]
虫酰肼	215.0	260.0
二甲戊灵	142.1	229.2
三乙膦酸铝	632.3	1 040.0
乙草胺	51.6	228.0
敌百虫	6.6	114.2
灭蝇胺	211.7	292.2
烯草酮	200.0	214.3
四聚乙醛	21.0	179.9
嘧菌酯	70.7	178.8
氯虫苯甲酰胺	216.3	89.9
吡蚜酮	200.0	270.4
虫螨腈	0.92	1.8
氟啶虫酰胺	178.4	18.3

4.2.1.3　风险表征

鸟类急性风险表征：高效氯氟氰菊酯等蔬菜常用农药鸟类急性、短期定量风险评估结果见表 4.6。

急性风险评估结果表明，按照风险从高到低排序，敌敌畏、虫螨腈、敌百虫、毒死蜱、四聚乙醛和福美双按照登记用量和登记方法使用对鸟类的急性风险不可接受。代森锰锌、乙草胺、百菌清、虫酰肼、嘧菌酯、三乙膦酸铝、吡虫啉、二甲戊灵、嘧霉胺、异菌脲、烯酰吗啉、多菌灵、灭蝇胺、吡蚜酮、氟啶虫酰胺、甲氨基阿维菌素苯甲酸盐、烯草酮、氯虫苯甲酰胺和高效氯氟氰菊酯对鸟类的急性风险可接受。

短期风险评估结果表明，高效氯氟氰菊酯、甲氨基阿维菌素苯甲酸盐、代森锰锌等 24 种农药按登记用量和施药方式使用对鸟类的短期风险可接受；虫螨腈对鸟类短期风险不可接受。

表 4.6 蔬菜常用农药鸟类急性和短期风险评估结果

有效成分	RQ_{acute}	$RQ_{short\text{-}term}$
高效氯氟氰菊酯	0.003	0.003
甲氨基阿维菌素苯甲酸盐	0.01	0.01
代森锰锌	0.64	0.64
百菌清	0.34	0.19
吡虫啉	0.13	0.34
敌敌畏	10.72	0.16
毒死蜱	5.91	0.38
烯酰吗啉	0.05	0.02
多菌灵	0.04	0.09
福美双	1.08	0.10
嘧霉胺	0.11	0.14
异菌脲	0.06	0.06
虫酰肼	0.20	0.09
二甲戊灵	0.12	0.04
三乙膦酸铝	0.17	0.06
乙草胺	0.56	0.06
敌百虫	6.09	0.18
灭蝇胺	0.04	0.02
烯草酮	0.01	0.005
四聚乙醛	1.20	0.07
嘧菌酯	0.18	0.04
氯虫苯甲酰胺	0.01	0.01
吡蚜酮	0.02	0.01
虫螨腈	6.55	1.74
氟啶虫酰胺	0.02	0.09

4.2.2　蜜蜂风险评估

4.2.2.1　暴露评估

农药田间施用量均为取得农药正式登记产品标签中标注的最大值。其中，高效氯氟氰菊酯、甲氨基阿维菌素苯甲酸盐、代森锰锌、百菌清、吡虫啉、敌敌畏、毒死蜱、烯酰吗啉、多菌灵、福美双、嘧霉胺、异菌脲、虫酰肼、二甲戊灵、三乙膦酸铝、乙草胺、敌百虫、灭蝇胺、烯草酮、四聚乙醛、嘧菌酯、氯虫苯甲酰胺、吡蚜酮、虫螨腈、氟啶虫酰胺分别为22.5、3、2 520、2 400、60、960、540、300、1 500、1 050、562.5、750、1 300、742.5、2 880、1 215、1 200、210、90、750、337.5、41.25、126、180、75g a.i. /hm²。

4.2.2.2　效应评估

收集到高效氯氟氰菊酯等农药蜜蜂经口、接触毒性效应数据共 38 个，每个数据均有明确的供试物种、毒性终点、染毒方法等信息，数据均经过同行评审，见表 4.7。

表 4.7　蔬菜常用农药蜜蜂毒性效应数据

有效成分	物种名称	毒性终点	染毒方法	毒性值（μg a.i. /bee）	同行评审	数据来源
高效氯氟氰菊酯	意大利蜂	LD_{50}	局部	0.022	是	HSDB
	意大利蜂	LD_{50}	接触	0.038	是	HSDB
	意大利蜂	LD_{50}	接触	0.098	是	HSDB
	意大利蜂	LD_{50}	经口	0.483	是	HSDB
	意大利蜂	LD_{50}	接触	0.004 4	是	HSDB
	苜蓿切叶蜂	LD_{50}	接触	0.002	是	HSDB
甲氨基阿维菌素苯甲酸盐	意大利蜂	LD_{50}	接触	0.003 6	是	HSDB
代森锰锌	意大利蜂	LD_{50}	局部	178.900	是	HSDB
百菌清	意大利蜂	LD_{50}	局部	181.290	是	HSDB

（续表）

有效成分	物种名称	毒性终点	染毒方法	毒性值（µg a.i. /bee）	同行评审	数据来源
吡虫啉	意大利蜂	LD_{50}	接触	0.081	是	HSDB
	意大利蜂	LD_{50}	经口	0.003 7	是	HSDB
敌敌畏	意大利蜂	LD_{50}	局部	0.500	是	HSDB
毒死蜱	意大利蜂	LD_{50}	局部	1.140	是	HSDB
烯酰吗啉	意大利蜂	LD_{50}	局部	>10.000	是	HSDB
多菌灵	蜜蜂	LD_{50}	经口	100.000	是	HSDB
	蜜蜂	LD_{50}	接触	>271.000	是	HSDB
福美双	意大利蜂	LD_{50}	局部	74.000	是	HSDB
嘧霉胺	意大利蜂	LD_{50}	接触	>100.000	是	HSDB
	意大利蜂	LD_{50}	经口	>100.000	是	HSDB
异菌脲	意大利蜂	LD_{50}	接触	>200.000	是	HSDB
	意大利蜂	LD_{50}	经口	>25.000	是	HSDB
虫酰肼	意大利蜂	LD_{50}	接触	234.000	是	HSDB
二甲戊灵	意大利蜂	LD_{50}	经口	49.700	是	HSDB
三乙膦酸铝	意大利蜂	LD_{50}	局部	>100.000	是	HSDB
乙草胺	意大利蜂	LD_{50}	局部	>200.000	是	HSDB
敌百虫	意大利蜂	LD_{50}	局部	59.800	是	HSDB
灭蝇胺	意大利蜂	LD_{50}	经口	>20.000	是	HSDB
烯草酮	意大利蜂	LD_{50}	局部	>100.000	是	HSDB
四聚乙醛	意大利蜂	LD_{50}	接触	>113.000	是	HSDB
	意大利蜂	LD_{50}	经口	>87.500	是	·HSDB
嘧菌酯	意大利蜂	LD_{50}	接触	>200.000	是	HSDB

（续表）

有效成分	物种名称	毒性终点	染毒方法	毒性值（μg a.i. /bee）	同行评审	数据来源
氯虫苯甲酰胺	意大利蜂	LD_{50}	经口	>119.000	是	HSDB
	意大利蜂	LD_{50}	接触	100.000	是	HSDB
	意大利蜂	LD_{50}	经口	>114.100	是	HSDB
吡蚜酮	蜜蜂	LC_{50}	经口	>117.000	是	HSDB
	蜜蜂	LC_{50}	接触	>200.000	是	HSDB
虫螨腈	意大利蜂	LD_{50}	接触	0.120	是	HSDB
氟啶虫酰胺	意大利蜂	LD_{50}	接触	>100.000	是	HSDB
	意大利蜂	LD_{50}	经口	>60.500	是	HSDB

对收集到的蔬菜常用农药涉及的 40 个蜜蜂经口、接触毒性效应数据进行分析处理，获得高效氯氟氰菊酯、甲氨基阿维菌素苯甲酸盐、代森锰锌、百菌清、吡虫啉、敌敌畏、毒死蜱、烯酰吗啉、多菌灵、福美双、嘧霉胺、异菌脲、虫酰肼、二甲戊灵、三乙膦酸铝、乙草胺、敌百虫、灭蝇胺、烯草酮、四聚乙醛、嘧菌酯、氯虫苯甲酰胺、吡蚜酮、虫螨腈和氟啶虫酰胺蜜蜂经口或接触 LD_{50} 最高值分别为 0.002、0.003 6、178.9、181.29、0.003 7、0.5、1.14、>10、100、74、>100、>25、234、49.7、>100、>200、59.8、>20、>100、>87.5、>200、100、>117、0.12 和 >60.5 μg a.i./bee。

4.2.2.3　风险表征

高效氯氟氰菊酯、吡虫啉和代森锰锌等蔬菜常用农药蜜蜂风险评估结果见表 4.8。结果表明，蔬菜常用农药按照登记用量使用均会对蜜蜂产生不可接受风险。

表 4.8 蔬菜常用农药蜜蜂风险评估结果

有效成分	AR_{bee}(g a.i./hm^2)	LD_{50}(μg a.i./bee)	RQ_{bee}
高效氯氟氰菊酯	22.5	0.002	562 500.00
甲氨基阿维菌素苯甲酸盐	3.0	0.003 6	41 666.67
代森锰锌	2 520.0	178.9	704.30
百菌清	2 400.0	181.29	661.92
吡虫啉	60.0	0.003 7	810 810.81
敌敌畏	960.0	0.5	96 000.00
毒死蜱	540.0	1.14	23 684.21
烯酰吗啉	300.0	10.0	1 500.00
多菌灵	1 500.0	100.0	750.00
福美双	1 050.0	74.0	709.46
嘧霉胺	562.5	100.0	281.25
异菌脲	750.0	25.0	1 500.00
虫酰肼	1 300.0	234.0	277.78
二甲戊灵	742.5	49.7	746.98
三乙膦酸铝	2 880.0	100.0	1 440.00
乙草胺	1 215.0	200.0	303.75
敌百虫	1 200.0	59.8	1 003.34
灭蝇胺	210.0	20.0	525.00
烯草酮	90.0	100.0	45.00
四聚乙醛	750.0	87.5	428.57
嘧菌酯	337.5	200.0	84.38
氯虫苯甲酰胺	41.25	100.0	20.63
吡蚜酮	126.0	117.0	53.85
虫螨腈	180.0	0.12	75 000.00
氟啶虫酰胺	75.0	60.5	61.98

4.2.3　讨论

初级风险评估结果表明对鸟类、蜜蜂等陆生生物具有不可接受风险并不意味着农药在实际使用时对这类生物具有高风险。对于鸟类还应当基于高级风险评估结果，使用鸟类食物中农药残留的实测数据，准确估算鸟类实际暴露剂量，使用引起鸟类死亡和繁殖危害的农药田间试验监测数据进行高级效应分析；对于蜜蜂还应当采用更接近实际情况的半田间或田间试验数据，观察农药使用对蜜蜂种群生存和生长发育的毒性效应，并根据试验剂量设计和农药残留量检测进行暴露分析。经风险表征后，表明某种农药确实对鸟类或蜜蜂具有不可接受风险，应当采取必要的风险降低措施。

4.3　本章小结

评估了蔬菜常用农药对鸟类的急性和短期风险。结果表明，按照风险从高到低排序，敌敌畏、虫螨腈、敌百虫、毒死蜱、四聚乙醛和福美双共 6 种农药按照登记用量和登记方法使用对鸟类的急性风险不可接受；虫螨腈对鸟类的短期风险不可接受。基于初级风险评估结果，建议上述 6 种农药在蔬菜田喷雾场景施用时，应注意对鸟类的保护，尽量避开鸟类活动区域。

评估了蔬菜常用农药对蜜蜂的风险。结果表明，按照登记用量施药，蔬菜常用农药均会对蜜蜂产生不可接受风险。按照风险从高到低排序，依次为吡虫啉、高效氯氟氰菊酯、敌敌畏、虫螨腈、甲氨基阿维菌素苯甲酸盐、毒死蜱、烯酰吗啉、异菌脲、三乙膦酸铝、敌百虫、多菌灵、二甲戊灵、福美双、代森锰锌、百菌清、灭蝇胺、四聚乙醛、乙草胺、嘧霉胺、虫酰肼、嘧菌酯、氟啶虫酰胺、吡蚜酮、烯草酮和氯虫苯甲酰胺，建议蔬菜常用农药在蔬菜田喷雾场景施用时，应注意对蜜蜂的保护，尽量避免在蜜（粉）源作物花期喷药。

第5章

蔬菜常用农药使用对水生生态系统的风险评估

我国是蔬菜种植和消费大国。2014 年，我国蔬菜种植面积 2.6 亿亩，蔬菜产量 7 亿吨。为了防止病虫草害的发生，蔬菜在生产过程中需要喷施大量农药。这些农药广泛分布于空气、水和土壤中，一部分农药可能经地表径流等途径进入周边河流或湖泊，并对水生生态系统造成不可接受风险。尤其是南方蔬菜种植区常常比邻鱼塘等水产养殖区，一旦高环境风险农药进入鱼塘，可能带来不可挽回的经济损失。目前，我国很多河流和湖泊中都有农药残留物的存在。开展农药地表水环境风险评估，识别出对水环境具有不可接受风险的农药，并采取科学合理的防控措施，从源头上降低风险发生的概率，应该引起农药环境管理者的足够重视。

我国农业部在 2016 年制定 NY/T 2882.2—2016《农药登记 环境风险评估指南 第 2 部分：水生生态生物》，环境保护部在 2011 年制定《化学物质风险评估导则》（征求意见稿），尽管两个导则计算 $PNEC$ 的方法略有不同，但风险评估原理基本一致，即最终的风险表征均是表现为"暴露值"与"效应阈值"的函数。由于农药的水生生物危害性数据是固有属性，危害性表征可以通过推导 $PNEC_{sw}$ 来实现，因此地表水暴露评估成为风险评估的技术关键。获得地表水暴露浓度数据可以采用假设估算、实际监测和模型预测 3 种方法，但是假设估算所得到的数据精确性不高，而实际监测耗费较大且有时无法实施，所以通常用暴露模型来预测农药的 PEC_{sw}。农药地表水环境风险则采用商值法，通过 PEC_{sw} 与 $PNEC_{sw}$ 的比值进行表征。

国内鲜有对蔬菜常用农药施用后对地表水可能产生风险进行评估的研究。本章内容将围绕蔬菜常用农药按登记用量施用后对蔬菜地周边水生生态系统可能产生的风险开展评估。利用 EPA 的农药地表水暴露预测模型估算蔬菜地周边地表水中各个农药有效成分的 PEC_{sw}，结合推导得到的蔬菜常用农药的 $PNEC_{sw}$ 值，采用商值法评估施用农药区域周边地表水的环境风险。本章的目的旨在通过对蔬菜常用农药进行水生生物危害识别和暴露评估，筛选出对我国蔬菜地周边地表水环境具有不可接受风险的农药，为农药环境管理提供重要参考依据。

5.1　评估方法

5.1.1　蔬菜常用农药使用对水生生态系统影响的定量风险评估

5.1.1.1　暴露剂量估算方法

（1）数据来源。采用数据检索法，调查蔬菜常用农药理化数据和环境行为数据。数据全部来自第一类和第二类农药信息数据库（参见第 3 章）。农药田间施用量、每季最多使用次数和施用间隔期数据检索自"农药信息网"，前两个数据采用取得农药正式登记产品标签中标注的最大值，后一个数据采用最小值。

（2）预测环境浓度估算。采用 EPA 的地表水预测模型 GENEEC 2 模型预测蔬菜常用农药的 PEC_{sw}。模型参数如下：

表 5.1　蔬菜常用农药输入参数

有效成分	水中溶解度（mg/L）	施药量（1b/acre①）	施药次数（次）	施药间隔期（d）	Koc（mL/g）	水中好氧降解半衰期（d）	光解半衰期（d）	土壤好氧降解半衰期（d）
高效氯氟氰菊酯	0.005	0.02	3	7	59 677	46.4	10.6	26.80
甲氨基阿维菌素	24	0.003	2	15	25 000	8.7	5.6	76.70
代森锰锌	6.20	2.25	3	7	363	<1	358	8.94
百菌清	0.81	2.14	4	7	900	8.44	65	20.00
吡虫啉	610	0.05	2	7	225	90	3.74	82.00
敌敌畏	8 000	0.85	2	7	64.44	<1	0.3	1.87
毒死蜱	1.05	0.48	3	7	5 553.83	28.55	34.6	11.50
烯酰吗啉	49.2	0.27	3	10	408	15	95.93	62.97
多菌灵	8	1.34	2	10	225	75	0	40.00
福美双	30	0.94	3	7	676	7.40	0.18	10.25
嘧霉胺	121	0.50	3	7	835	14.62	0	44.76
异菌脲	13.9	0.67	3	7	700	4.58	67	20.49
虫酰肼	0.83	1.16	2	7	35 000	364.49	3.46	100.00
二甲戊灵	0.33	0.66	1	—	16 885.19	56.55	18.61	47.84
三乙膦酸铝	111 300	2.57	3	7	78.87	5.7	0.96	0.06
乙草胺	233	1.09	1	—	181.65	19.7	4.47	4.60
敌百虫	120 000	1.07	2	7	21.77	2.5	0	5.20
灭蝇胺	13 000	0.19	2	7	765	15.23	0	123.26
烯草酮	5 450	0.08	1	—	8 000	93.17	3.99	1.73
四聚乙醛	188	0.67	2	7	60.4	0	0	60.00
嘧菌酯	6.70	0.30	3	7	350.65	205.00	11.00	68.59
氯虫苯甲酰胺	1.02	0.04	2	7	336.48	343.00	0.43	146.97
吡蚜酮	270	0.11	2	7	1 049	358.00	15.00	4.60
虫螨腈	0.11	0.16	2	7	10 000	30.00	5.92	239.79
氟啶虫酰胺	5 200	0.07	3	7	19	39.7	15	1.10

注：难降解农药默认参数为 0；其余模型参数设置还包括：不使用湿法施药方式，空气喷雾法施药（液滴尺寸为细至中等液滴），非喷药区域宽度设为 0。

① 1b：表示磅，1 磅 ≈0.45 千克；acre 表示英亩，1 英亩 ≈0.4 公顷，全书同。

5.1.1.2　蔬菜常用农药对水生生态系统的危害效应评估方法

（1）地表水预测无效应浓度推导方法。采用数据检索法，获得蔬菜常用农药的水生生物毒性数据，数据来自 18 个农药环境危害性数据库和 3 个综合数据库（参见第 3 章）。采用评估因子法，参考 NY/T 2882.2—2016《农药登记　环境风险评估指南　第 2 部分：水生生态生物》的方法，推导蔬菜常用农药对水生生物的 $PNEC_x$；参考《化学物质风险评估导则》（征求意见稿）推导蔬菜常用农药的 $PNEC_s$。$PNEC_{sw}$ 采用可以保护所有水生生物的 $PNEC_x$ 值与 $PNEC_s$ 值比较分析后的最大值。

（2）生态毒性数据的收集与筛选。在推导 $PNEC$ 值时优先采用水生生态系统中 3 个营养级（藻类、水溞和鱼类）的毒性数据，其中藻类急性毒性指标至少为 72h 以上的 EC_{50} 或 LC_{50}，水溞急性毒性指标采用 48h EC_{50} 或 LC_{50}，鱼类（选择我国已有的物种）急性毒性指标采用 96h LC_{50}。其他参考水生生物，如甲壳类急性毒性指标采用 96h LC_{50}，软体动物和两栖类动物急性毒性指标采用可检索到的 EC_{50} 或 LC_{50}；慢性毒性指标采用水生生物的无观察效应浓度（$NOEC$）。所有水生生物生态毒性数据要求有明确的测试终点、测试时间，在数据选择时应对测试阶段或指标的详细描述进行审查。优先采用经过同行评审的数据，并注明数据出处。当同一物种具有多个毒性终点时，按"最坏情况假设"取最低值；对于不同生物分类的数据，取全部数据的最低值。

5.1.1.3　蔬菜常用农药使用对水生生态系统的风险表征

在获得暴露剂量和效应评估结果后，用 RQ_{sw} 对蔬菜常用农药地表水环境风险进行表征，RQ_{sw} 按公式 5.1 计算：

$$RQ_{sw} = \frac{PEC_{sw}}{PNEC_{sw}} \qquad (5.1)$$

式中，　RQ_{sw} ——风险商值；

　　　　PEC_{sw} ——地表水中农药有效成分预测环境浓度，单位为 mg a.i. /L；

$PNEC_{sw}$——农药有效成分预测无效应浓度，单位为 mg a.i. /L。

如果 $RQ_{sw} \leq 1$ 风险可接受；如果 $RQ_{sw} > 1$，则表明风险不可接受。

5.1.2 蔬菜常用农药使用对水生生态系统影响的定性风险评估

5.1.2.1 定性暴露评估方法

采用证据权重法开展农药定性暴露评估。对每个暴露指标赋以分值，各指标得分与相应权重的乘积加和为最终得分，评价体系中各指标的贡献相同。

（1）暴露评估因子的确定。暴露评估因子包括农药登记数量、田间施用量、每季最多使用次数、释放到环境的残留时间和施用方法。其中，农药产品登记数量详见"第 2 章 2.2.1.2"统计结果；农药田间施用量（g/hm^2）、每季最多使用次数和农药使用方式检索自"农药信息网"，均为取得农药正式登记的产品数据；释放到环境的残留时间用降解半衰期表示。暴露评估因子评分标准见表 5.2~表 5.6。

表 5.2 产品登记数量评分

登记数量（个）	< 20	20~200	>200
分值	1	2	3

表 5.3 田间用药量评分

用药量（g/hm^2）	< 50	50~500	>500
分值	1	2	3

表 5.4 每季最多用药次数评分

用药次数	每季 1 次	每季 2 次	每季 3 次及以上
分值	1	2	3

表 5.5　农药施用后环境中残留时间评分

半衰期（d）	< 30	30~90	90~180	>180
分值	1	2	3	4

表 5.6　农药使用方式评分

使用方式	种子包衣	茎叶喷雾	土壤喷雾
分值	1	2	3

（2）环境暴露分级。根据暴露评估因子的评分结果，按照公式 5.2 计算环境暴露水平总分值（T_{exp}）。

$$T_{exp}=a+b+c+d+e \qquad (5.2)$$

式中，T_{exp}——环境暴露水平总分值，无量纲；

a——登记数量分值，无量纲；

b——田间施用量分值，无量纲；

c——每季最多使用次数分值，无量纲；

d——环境残留时间分值，无量纲；

e——使用方法分值，无量纲。

根据环境暴露总分值给出环境暴露级别和赋分值（EXP_{SW}）。环境暴露级别分为高暴露、中暴露和低暴露 3 个级别，环境暴露分级标准见表 5.7。

表 5.7　定性环境暴露分级

环境暴露级别（分值 EXP_{sw}）	环境暴露总分值（T_{exp}）
高暴露（3 分）	≥ 12
中暴露（2 分）	7~11
低暴露（1 分）	≤ 6

5.1.2.2 蔬菜常用农药对水生生态系统的定性危害效应评估方法

采用分级赋分的方法，定性确定水生生物危害性的级别及相应级别分值。水环境危害性按照"最坏情况假设"原则，参考欧盟和日本 GHS 的分类结果，分为高危害、中危害、低危害 3 个级别，分级规定和赋分值（$HAZARD_{sw}$），见表 5.8。

表 5.8　水环境危害性分级

危害性级别（分值 $HAZARD_{sw}$）	环境危害性分类
高危害（3分）	水生生物急性毒性 1 类或水生生物慢性毒性 1 类
中危害（2分）	水生生物急性毒性 2 类或水生生物慢性毒性 2 类
低危害（1分）	水生生物急性毒性 3 类或水生生物慢性毒性 3 类或无危害

5.1.2.3 定性环境风险表征

根据 5.1.2.1 和 5.1.2.2 得出的分级赋分结果，按照公式 5.3 计算环境风险级别总分值 RC_{sw}，确定水环境风险级别。环境风险分为高风险（6~9 分）、中风险（3~5 分）、低风险（1~2 分）3 个级别。

$$RC_{sw} = HAZARD_{sw} \times EXP_{sw} \qquad (5.3)$$

式中，　　　　　RC_{sw}——水环境风险级别总分值，无量纲；

$HAZARD_{sw}$——环境危害性分级赋分值，无量纲；

EXP_{sw}——环境暴露分级赋分值，无量纲。

5.1.3 蔬菜常用农药使用对水生生态系统的高级风险评估

5.1.3.1 预测环境浓度估算

当某种农药经初级定量风险评估表明对水生生物具有不可接受风险时，需对该农药进行高级风险评估。在水生生态系统的高级暴露分析中应在模型模拟过程中选择接近实际情况的输入参数以获得高级 PEC。采用

EPA 的地表水预测模型 GENEEC 2 模型预测高效氯氟氰菊酯等蔬菜常用农药的 PEC_{sw-h}。

5.1.3.2　高级危害效应评估

在高级危害效应评估中，需使用多个物种的毒性终点进行 SSD 分析，以求出 HC_5。采用生态毒理学研究得出的终点及相应的不确定因子，按公式 5.4 计算 $PNEC_{sw-h}$ 值：

$$PNEC_{sw-h} = \frac{HC_5}{UF} \qquad (5.4)$$

式中，HC_5——通过物种敏感性分布得出的对 5% 物种存在危害的浓度，单位为 mg a.i. /L；

$\quad\quad$ UF——不确定性因子。

5.1.3.3　高级风险表征

在获得暴露剂量和效应评估结果后，用 RQ_{sw-h} 对蔬菜常用农药地表水环境风险进行表征，RQ_{sw-h} 按公式 5.5 计算：

$$RQ_{sw-h} = \frac{PEC_{sw-h}}{PNEC_{sw-h}} \qquad (5.5)$$

式中，$\quad PEC_{sw-h}$——地表水中农药有效成分预测环境浓度，单位为 mg a.i. /L；

$\quad\quad PNEC_{sw-h}$——农药有效成分预测无效应浓度，单位为 mg a.i. /L。

如果 $RQ_{sw-h} \leqslant 1$ 风险可接受；如果 $RQ_{sw-h} > 1$，则表明风险不可接受。

5.1.4　蔬菜常用农药生物富集性评估

利用 EPADSSTOX（The distributed structure-searchable toxicity）获得农药 SMILES（Simplified molecular input line entry specification），运用 EPI Suite 模型和 PBT Profiler 模型，预测蔬菜常用农药的 Kow 和 BCF，同时通过数据库检索法获得 BCF 及 CT_{95} 值，当检索到的 BCF 试验值与模型预测值存在矛盾时，以试验值为准。参考 NY/T 2882.2—2016《农药登记　环境风

险评估指南 第 2 部分：水生生态生物》的方法，开展农药水生生物富集性环境风险评估。

5.2 结果与讨论

5.2.1 蔬菜常用农药地表水预测无效应浓度估算结果

5.2.1.1 高效氯氟氰菊酯地表水预测无效应浓度估算

高效氯氟氰菊酯对水生生物的急性和慢性毒性数据见表 5.9。高效氯氟氰菊酯对水生生物的毒性数据主要包括藻类、鱼类、甲壳类动物等，共 15 个，全部数据均经过同行评审。其中，急性毒性数据 13 个，包括藻、溞、鱼 3 个营养级水生生物；慢性毒性数据 2 个，只有鱼类一个营养级。因此选择不确定性因子 100 计算 $PNEC_{溞急}$ 和 $PNEC_{鱼急}$；选择不确定性因子 10 计算 $PNEC_{鱼慢}$。结果表明，溞类的 $L(E)C_{50}$ 数值最小值为大型溞 48h 毒性效应值 0.000 16mg/L，得到 $PNEC_{溞急}$ 为 0.000 001 6mg/L；鱼类的 LC_{50} 数值最小值为蓝鳃太阳鱼 96h 毒性效应值 0.000 029mg/L，得到 $PNEC_{鱼急}$ 值为 0.000 000 29mg/L。

在计算 $PNEC_s$ 时虽然查询到 2 个黑头呆鱼的慢性毒性数据，但该物种并非中国已有物种，因此舍弃。选择藻、溞、鱼 3 个营养级水生生物急性毒性数据推导 $PNEC_s$，选择不确定性因子 1 000。鱼类 LC_{50} 数值最小值为蓝鳃太阳鱼 96h 毒性效应值 0.000 029mg/L，得到 $PNEC_s$ 值为 0.000 000 029mg/L。

研究发现，高效氯氟氰菊酯对甲壳类生物急性毒性最高，LC_{50}（96h）为 0.000 004 1mg/L，$PNEC_s$ 值显然对水生生物"过保护"，$PNEC_{鱼急}$ 值为 0.000 000 29mg/L 时可以保护所有水生生物，因此，高效氯氟氰菊酯 $PNEC_{sw}$ 值确定为 0.000 29μg/L。

表 5.9　高效氯氟氰菊酯对水生生物的急性和慢性毒性数据

序号	物种名称	测试时间	毒性终点	毒性值（mg/L）	同行评审
1	羊角月牙藻	72h	EC_{50}	15.000	是
2	羊角月牙藻	72h	EC_{50}	41.300	是
3	大型溞	48h	LC_{50}	380.00	是
4	大型溞	48h	LC_{50}	0.000 16	是
5	大型溞	48h	EC_{50}	0.000 18	是
6	大型溞	48h	EC_{50}	0.000 19	是
7	大型溞	48h	EC_{50}	0.000 33	是
8	蓝鳃太阳鱼	96h	LC_{50}	0.000 46	是
9	虹鳟鱼	96h	LC_{50}	0.000 54	是
10	圆腹雅罗鱼	96h	LC_{50}	0.000 078	是
11	羊头鲦鱼	96h	LC_{50}	0.000 807	是
12	蓝鳃太阳鱼	96h	LC_{50}	0.000 029	是
13	黑头呆鱼	35d	$NOEC$	0.000 037 9	是
14	黑头呆鱼	Full-life	$NOEC$	0.000 031	是
15	糠虾	96h	LC_{50}	0.000 004 1	是

5.2.1.2　甲氨基阿维菌素苯甲酸盐地表水预测无效应浓度估算

甲氨基阿维菌素苯甲酸盐对水生生物的急性和慢性毒性数据见表5.10。毒性数据主要包括藻类、溞类、鱼类、甲壳类动物等，共 14 个，全部数据均经过同行评审。其中，急性毒性数据 10 个，包括藻、溞、鱼 3 个营养级水生生物；慢性毒性数据 4 个，包括藻、溞、鱼 3 个营养级水生生物。因此选择不确定性因子 100 计算 $PNEC_{溞急}$ 和 $PNEC_{鱼急}$；选择不确定性因子 10 计算 $PNEC_{藻慢}$、$PNEC_{溞慢}$ 和 $PNEC_{鱼慢}$。结果表明，水溞的 EC_{50} 数值最小值为大型溞48h 毒性效应值 0.001mg/L，得到 $PNEC_{溞急}$ 为 0.000 01mg/L；鱼类的 LC_{50} 数值最小值为虹鳟鱼 96h 毒性效应值 0.174mg/L，得到 $PNEC_{鱼急}$ 值为 0.001 74mg/L。$PNEC_{藻慢}$ 和 $PNEC_{溞慢}$ 值分别为 0.009 4mg/L 和 0.000 008 8mg/L，虽然查询到黑头呆鱼的慢性毒性数据，但该物种并非中国已有物种，因此舍弃，故无法推导 $PNEC_{鱼慢}$ 值。

　　检索到 3 个营养级水生生物慢性毒性数据，因此选择不确定性因子10，计算 $PNEC_s$。三个营养级水生生物的 $NOEC$ 数值最小值为大型溞 21d 毒性效应值 0.000 088mg/L，得到 $PNEC_s$ 值为 0.000 008 8mg/L。由于甲氨基阿维菌素苯甲酸盐对糠虾生态毒性最高，LC_{50}（96h）=0.000 04mg/L，$PNEC_{鱼急}$ 和 $PNEC_{藻慢}$ 对糠虾"欠保护"，$PNEC_{溞急}$ 与糠虾生态毒性在同一数量级，也存在"欠保护"风险，因此 $PNEC_{sw}$ 值为 0.008 8μg/L 时可以保护所有水生生物。

表 5.10　甲氨基阿维菌素苯甲酸盐对水生生物的急性和慢性毒性数据

序号	物种名称	测试时间	毒性终点	毒性值（mg/L）	同行评审
1	丰年虾	48h	LC_{50}	0.148	是
2	西海岸甲壳纲生物	10d	LC_{50}	0.185	是
3	大型溞	48h	EC_{50}	0.001	是
4	大型溞	48h	EC_{50}	0.001	是
5	大型溞	48h	EC_{50}	0.011	是
6	大型溞	48h	EC_{50}	0.003 5	是
7	虹鳟鱼	96h	LC_{50}	0.174	是
8	鲤鱼	96h	LC_{50}	0.567	是
9	糠虾	96h	LC_{50}	0.000 04	是
10	羊角月牙藻	96h	EC_{50}	0.007 2	是
11	膨胀浮萍	14d	$NOEC$	>0.094	是
12	摇蚊	28d	$NOEC$	0.001 25	是
13	大型溞	21d	$NOEC$	0.000 088	是
14	黑头呆鱼	—	$NOEC$	0.012	是

5.2.1.3　代森锰锌地表水预测无效应浓度估算

代森锰锌对水生生物的急性和慢性毒性数据见表 5.11。代森锰锌对水生生物的毒性数据主要包括藻类、溞类、鱼类、甲壳类动物和软体动物等，共 25 个，其中 22 个数据经过同行评审，3 个数据未知。其中急性毒性数据 21 个，包括 3 个营养级水生生物；慢性毒性数据 4 个，包括 3 个营养级水生生物。因此选择不确定性因子 100 计算 $PNEC_{溞急}$ 和 $PNEC_{鱼急}$；选择不确定性因子 10 计算 $PNEC_{藻慢}$、$PNEC_{溞慢}$ 和 $PNEC_{鱼慢}$。结果表明，水溞 LC_{50} 最小值为大型溞毒性效应值 0.580mg/L，得到 $PNEC_{溞急}$ 为 0.005 8mg/L；鱼类 LC_{50} 最小值为鲤鱼毒性效应值 0.402mg/L，得到 $PNEC_{鱼急}$ 为 0.004 02mg/L。$PNEC_{藻慢}$、$PNEC_{溞慢}$ 和 $PNEC_{鱼慢}$ 分别为 0.003 3mg/L、0.000 73mg/L 和 0.000 219mg/L。获得了 3 个营养级水生生物慢性生态毒性数据，选择不确定性因子 10 计算 $PNEC_s$。水生生物的 $NOEC$ 最小值为鱼类毒性效应值 0.002 19mg/L，得到 $PNEC_s$ 为 0.000 219mg/L。

研究发现，代森锰锌对鱼类生态毒性最高，$PNEC_{溞急}$、$PNEC_{鱼急}$ 和 $PNEC_{藻慢}$ 对水生生物均"欠保护"，$PNEC_{sw}$ 值为 $PNEC_{溞慢}$ 0.000 73mg/L 时可以保护所有水生生物。因此，代森锰锌 $PNEC_{sw}$ 确定为 0.73μg/L。

表 5.11　代森锰锌对水生生物的急性和慢性毒性数据

序号	物种名称	测试时间	毒性终点	毒性值（mg/L）	同行评审
1	小球藻	96h	EC_{50}	1.100	是
2	大型溞	48h	EC_{50}	0.580	是
3	大型溞	48h	LC_{50}	1.300	是
4	大型溞	48h	EC_{50}	1.000	是
5	糠虾	24h	LC_{50}	0.218	是
6	糠虾	24h	LC_{50}	0.067	是
7	鲤鱼	96h	LC_{50}	0.402	是
8	鲤鱼	96h	LC_{50}	0.419 2	是
9	羊头鱼	96h	LC_{50}	1.500	是

（续表）

序号	物种名称	测试时间	毒性终点	毒性值（mg/L）	同行评审
10	羊头鱼	96h	LC_{50}	2.700	是
11	羊头鱼	96h	LC_{50}	4.200	是
12	锦鲤	96h	LC_{50}	4.000	是
13	蓝鳃太阳鱼	96h	LC_{50}	1.350	是
14	虹鳟鱼	96h	LC_{50}	1.100	是
15	孔雀鱼	96h	LC_{50}	2.600	是
16	异形波鱼	96h	LC_{50}	4.000	是
17	青铜蛙	13d	LC_{50}	0.023	是
18	青铜蛙	16d	LC_{50}	0.040	是
19	青铜蛙	96h	LC_{50}	0.960	是
20	美洲牡蛎	96h	EC_{50}	1.530	是
21	美洲牡蛎	96h	EC_{50}	1.600	是
22	羊角月牙藻	5d	EC_{50}	0.047	是
23	绿藻	—	$NOEC$	0.033	未知
24	溞类	—	$NOEC$	0.007 3	未知
25	鱼类	—	$NOEC$	0.002 19	未知

5.2.1.4 百菌清地表水预测无效应浓度估算

百菌清对水生生物的急性毒性数据见表5.12。百菌清对水生生物的毒性数据主要包括藻类、溞类、鱼类、甲壳类动物等，共20个，全部数据均经过同行评审。其中，急性毒性数据20个，包括藻、溞、鱼3个营养级水生生物；没有查询到慢性毒性数据。因此选择不确定性因子100计算 $PNEC_{溞急}$ 和 $PNEC_{鱼急}$。结果表明，水溞的 EC_{50} 数值最小值为大型溞48h毒性效应值0.070mg/L，得到 $PNEC_{溞急}$ 为0.000 7mg/L；鱼类的 LC_{50} 数值最小值为虹鳟鱼96h毒性效应值0.010 5mg/L，得到 $PNEC_{鱼急}$ 值为0.000 105mg/L。

由于获得3个营养级水生生物急性毒性数据，因此选择不确定性因子 1 000 计算 $PNEC_s$。水生生物的 LC_{50} 最小值为虹鳟鱼 96h 毒性效应值 0.010 5mg/L，得到 $PNEC_s$ 值 0.000 010 5mg/L。由于百菌清对虹鳟鱼生态毒性最高，96h 毒性效应值 0.010 5mg/L，因此，$PNEC_s$ 值为 0.000 010 5mg/L 对水生生物"过保护"，故 $PNEC_{溢急}$ 选择 0.7μg/L。

表 5.12　百菌清对水生生物的急性和慢性毒性数据

序号	物种名称	测试时间	毒性终点	毒性值（mg/L）	同行评审
1	小球藻	96h	EC_{50}	0.100 3	是
2	栅藻	96h	EC_{50}	8.069 3	是
3	羊角月牙藻	120h	EC_{50}	0.190	是
4	大型溞	48h	EC_{50}	0.070	是
5	大型溞	48h	EC_{50}	0.180	是
6	虹鳟鱼	96h	LC_{50}	0.076	是
7	虹鳟鱼	96h	LC_{50}	0.017 1	是
8	虹鳟鱼	96h	LC_{50}	0.010 5	是
9	斑点叉尾鮰	96h	LC_{50}	0.043	是
10	蓝鳃太阳鱼	96h	LC_{50}	0.062	是
11	蓝鳃太阳鱼	96h	LC_{50}	0.051	是
12	蓝鳃太阳鱼	96h	LC_{50}	0.084	是
13	鲫鱼	96h	LC_{50}	0.029 2	是
14	大斑南乳鱼	96h	LC_{50}	0.016 3	是
15	三棘刺鱼	96h	LC_{50}	<0.073	是
16	蓝贻贝	96h	LC_{50}	5.900	是
17	沙海螂	96h	LC_{50}	35.000	是
18	淡水虾	4d	LC_{50}	0.016	是
19	淡水虾	7d	LC_{50}	0.010 9	是
20	桃红对虾	96h	LC_{50}	0.165	是

5.2.1.5 吡虫啉地表水预测无效应浓度估算

吡虫啉对水生生物的急性和慢性毒性数据见表 5.13。吡虫啉对水生生物的毒性数据主要包括藻类、溞类、鱼类、甲壳类动物等，共 6 个，全部数据均经过同行评审。其中，急性毒性数据 3 个，包括藻、溞和甲壳类生物；慢性毒性数据 3 个。因此选择不确定性因子 100 计算 $PNEC_{溞急}$；选择不确定性因子 10 计算 $PNEC_{溞慢}$ 和 $PNEC_{鱼慢}$。结果表明，水溞的 EC_{50} 数值最小值为大型溞 48h 毒性效应值 10.440mg/L，得到 $PNEC_{溞急}$ 为 0.104 4mg/L。$PNEC_{溞慢}$ 和 $PNEC_{鱼慢}$ 值分别为 0.18mg/L 和 0.902mg/L。

由于获得溞、鱼两个营养级水生生物慢性毒性数据，因此选择不确定性因子 50，计算 $PNEC_s$。两个营养级水生生物的 NOEC 数值最小值为大型溞 21d 毒性效应值 1.800mg/L，得到 $PNEC_s$ 值为 0.036mg/L。由于吡虫啉对摇蚊生态毒性最高，28d 毒性效应值为 0.002 09mg/L，$PNEC_{溞急}$、$PNEC_{溞慢}$、$PNEC_{鱼慢}$ 和 $PNEC_s$ 值对水生生物均 "欠保护"。因此，采用摇蚊生态毒性效应值，选择不确定性因子 10，重新计算 PNEC，将 $PNEC_{sw}$ 值定为 0.209μg/L。

表 5.13　吡虫啉对水生生物的急性和慢性毒性数据

序号	物种名称	测试时间	毒性终点	毒性值（mg/L）	同行评审
1	淡水藻	72h	EC_{50}	>10.000	是
2	大型溞	48h	LC_{50}	10.440	是
3	丰年虾	48h	LC_{50}	361.230	是
4	大型溞	21d	NOEC	1.800	是
5	虹鳟鱼	91d	NOEC	9.020	是
6	摇蚊	28d	EC_{10}	0.002 09	是

5.2.1.6 多菌灵地表水预测无效应浓度估算

多菌灵对水生生物的急性和慢性毒性数据见表 5.14。多菌灵对水生生物的毒性数据主要包括藻类、鱼类，共 5 个，全部数据均经过同行评审。其中，急性毒性数据 3 个，包括溞、鱼两个营养级水生生物；慢性毒性数据 2 个，包括溞、鱼两个营养级水生生物。因此，选择不确定性因子 100 计算 $PNEC_{溞急}$ 和 $PNEC_{鱼急}$；选择不确定性因子 10 计算 $PNEC_{溞慢}$ 和 $PNEC_{鱼慢}$。结果表明，水溞的 LC_{50} 数值最小值为大型溞 96h 毒性效应值 0.270mg/L，得到 $PNEC_{溞急}$ 为 0.002 7mg/L；鱼类的 LC_{50} 数值最小值为鲤鱼 96h 毒性效应值 0.610mg/L，得到 $PNEC_{鱼急}$ 值为 0.006 1mg/L。$PNEC_{溞慢}$ 和 $PNEC_{鱼慢}$ 值分别为 0.000 15mg/L 和 0.000 32mg/L。

由于获得溞、鱼两个营养级水生生物慢性毒性数据，因此选择不确定性因子 50，计算 $PNEC_s$。水生生物的 NOEC 数值最小值为大型溞 21d 毒性效应值 0.001 5mg/L，得到 $PNEC_s$ 值为 0.000 03mg/L。由于多菌灵对大型溞生态毒性最高，$PNEC_{溞急}$ 和 $PNEC_{鱼急}$ 均对水生生物"欠保护"，因此，$PNEC_{sw}$ 值为 0.32μg/L 时可以保护所有水生生物。

表 5.14　多菌灵对水生生物的急性和慢性毒性数据

序号	物种名称	拉丁名	测试时间	毒性终点	毒性值（mg/L）	同行评审
1	大型溞	*Daphniamagna*	96h	LC_{50}	0.270	是
2	鲤鱼	—	96h	LC_{50}	0.610	是
3	虹鳟鱼	*Oncorrhynchus-mykiss*	96h	LC_{50}	2.400	是
4	大型溞	*Daphniamagna*	21d	NOEC	0.001 5	是
5	虹鳟鱼	*Oncorrhynchus-mykiss*	21d	NOEC	0.003 2	是

5.2.1.7　敌敌畏地表水预测无效应浓度估算

敌敌畏对水生生物的急性和慢性毒性数据见表 5.15。敌敌畏对水生生物的毒性数据主要包括溞类、鱼类、甲壳类动物等，共 29 个，全部数据均经过同行评审。其中，急性毒性数据 29 个，包括溞、鱼两个营养级水生生物；没有查询到慢性毒性数据。因此选择不确定性因子 100 计算 $PNEC_{溞急}$ 和 $PNEC_{鱼急}$。

表 5.15　敌敌畏对水生生物的急性和慢性毒性数据

序号	物种名称	测试时间	毒性终点	毒性值（mg/L）	同行评审
1	锯顶低额溞	48h	LC_{50}	0.000 26	是
2	大型溞	48h	EC_{50}	1.000	是
3	蚤状溞	48h	LC_{50}	0.000 07	是
4	模糊网纹溞	48h	LC_{50}	0.000 13	是
5	蓝鳃太阳鱼	96h	LC_{50}	0.869	是
6	食蚊鱼	96h	LC_{50}	5.270	是
7	切喉鳟	96h	LC_{50}	0.170	是
8	湖勾虾	96h	LC_{50}	0.000 5	是
9	湖勾虾	96h	LC_{50}	400.000	是
10	草虾	96h	LC_{50}	0.015	是
11	寄生蟹	96h	LC_{50}	0.045	是
12	底鳉	96h	LC_{50}	2.680	是
13	条带底鳉	96h	LC_{50}	2.300	是
14	银河鱼	96h	LC_{50}	1.250	是
15	美洲鳗鱼	96h	LC_{50}	1.800	是
16	乌贼	96h	LC_{50}	0.200	是
17	双带锦鱼	96h	LC_{50}	1.400	是
18	北方河豚	96h	LC_{50}	2.250	是
19	虹鳟鱼	96h	LC_{50}	0.100	是
20	底鳉	96h	LC_{50}	3.200	是
21	蓝鳃太阳鱼	96h	LC_{50}	1.500	是
22	印度鲶鱼	96h	LC_{50}	6.610	是
23	杂色鳉	96h	LC_{50}	7.350	是
24	砂虾	96h	LC_{50}	0.004	是
25	糠虾	96h	LC_{50}	0.019	是
26	糠虾	96h	LC_{50}	0.044	是
27	欧洲龙虾	96h	LC_{50}	0.005 7	是
28	鲤鱼	96h	LC_{50}	0.340	是
29	湖红点鲑	96h	LC_{50}	0.183	是

结果表明，水蚤的 $L（E）C_{50}$ 数值最小值为大型蚤 48h 毒性效应值 0.000 07mg/L，得到 $PNEC_{蚤急}$ 为 0.000 000 7mg/L；鱼类的 LC_{50} 数值最小值为虹鳟鱼 96h 毒性效应值 0.100mg/L，得到 $PNEC_{鱼急}$ 值为 0.001mg/L。由于仅获得蚤、鱼 2 个营养级水生生物急性毒性数据，因此无法推导计算 $PNEC_s$。由于敌敌畏对蚤状蚤生态毒性最高，LC_{50}（48h）=0.000 07mg/L，$PNEC_{鱼急}$ 对水生生物"欠保护"，因此 $PNEC_{sw}$ 值采用 0.000 7μg/L 可以保护所有水生生物。

5.2.1.8　烯酰吗啉地表水预测无效应浓度估算

烯酰吗啉对水生生物的急性和慢性毒性数据见表 5.16。烯酰吗啉对水生生物的毒性数据主要包括藻类、蚤类、鱼类、甲壳类动物等，共 10 个，5 个数据经过同行评审，5 个数据同行评审情况不详。其中，急性毒性数据 5 个，慢性毒性数据 5 个。因此选择不确定性因子 100 计算 $PNEC_{鱼急}$；选择不确定性因子 10 计算 $PNEC_{藻慢}$、$PNEC_{蚤慢}$ 和 $PNEC_{鱼慢}$。结果表明，鱼类的 LC_{50} 数值最小值为虹鳟鱼 96h 毒性效应值 6.200mg/L，得到 $PNEC_{鱼急}$ 为 0.062mg/L。藻类的 $NOEC$ 数值最小值为淡水藻毒性效应值 10.000mg/L，得到 $PNEC_{藻慢}$ 为 1.000mg/L；$PNEC_{蚤慢}$ 和 $PNEC_{鱼慢}$ 值分别为 0.01mg/L 和 0.0056mg/L。

表 5.16　烯酰吗啉对水生生物的急性和慢性毒性数据

序号	物种名称	测试时间	毒性终点	毒性值（mg/L）	同行评审
1	虹鳟鱼	96h	LC_{50}	6.200	是
2	杂色鳉	96h	LC_{50}	11.300	是
3	糠虾	96h	LC_{50}	33.000	是
4	淡水藻	—	$NOEC$	10.000	未知
5	大型蚤	—	$NOEC$	0.100	未知

（续表）

序号	物种名称	测试时间	毒性终点	毒性值（mg/L）	同行评审
6	虹鳟鱼	—	$NOEC$	0.056	未知
7	杂色鳉	—	LC_{50}	11.300	未知
8	美洲牡蛎	—	EC_{50}	4.400	未知
9	虹鳟鱼	28d	$NOEC$	0.070	是
10	虹鳟鱼	60d	$NOEC$	0.056	是

由于获得 3 个营养级水生生物慢性毒性数据，因此选择不确定性因子 10 计算 $PNEC_s$。水生生物 $NOEC$ 最小值为虹鳟鱼 96h 毒性效应值 0.056mg/L，得到 $PNEC_s$ 值为 0.005 6mg/L。由于烯酰吗啉对虹鳟鱼生态毒性最高，$PNEC_{鱼急}$、$PNEC_{藻慢}$ 和 $PNEC_{溞慢}$ 对水生生物均 "欠保护"，因此 $PNEC_{sw}$ 值采用 $PNEC_s$（或 $PNEC_{鱼慢}$）值为 5.6μg/L 时可以保护所有水生生物。

5.2.1.9 毒死蜱地表水预测无效应浓度估算

毒死蜱对水生生物的急性和慢性毒性数据见表 5.17。毒死蜱对水生生物的毒性数据主要包括溞类、鱼类、甲壳类动物等，共 12 个，全部数据均经过同行评审。其中，急性毒性数据 12 个，包括溞、鱼 2 个营养级水生生物；没有查询到慢性毒性数据。因此选择不确定性因子 100 计算 $PNEC_{溞急}$ 和 $PNEC_{鱼急}$。结果表明，水溞的 LC_{50} 数值最小值为隆线溞 48h 毒性效应值 0.000 24mg/L，得到 $PNEC_{溞急}$ 为 0.000 002 4mg/L；鱼类的 LC_{50} 数值最小值为蓝鳃太阳鱼 96h 毒性效应值 0.005 8mg/L，得到 $PNEC_{鱼急}$ 值为 0.000 058mg/L。

由于仅获得溞、鱼 2 个营养级水生生物急性毒性数据，因此无法推导计算 $PNEC_s$。由于毒死蜱对糠虾生态毒性最高，LC_{50}（96h）=0.000 035mg/L，因此 $PNEC_{sw}$ 值采用 $PNEC_{溞急}$ 为 0.002 4μg/L 时可以保护所有水生生物。

表 5.17　毒死蜱对水生生物的急性和慢性毒性数据

序号	物种名称	测试时间	毒性终点	毒性值（mg/L）	同行评审
1	隆线溞	48h	LC_{50}	0.000 24	是
2	大型溞	48h	LC_{50}	0.001	是
3	糠虾	96h	LC_{50}	0.000 035	是
4	糠虾	96h	LC_{50}	0.000 045	是
5	蓝鳃太阳鱼	96h	LC_{50}	0.005 8	是
6	蓝鳃太阳鱼	96h	LC_{50}	0.010	是
7	斑点叉尾鮰	96h	LC_{50}	0.806	是
8	蓝鳃太阳鱼	96h	LC_{50}	0.030	是
9	西方食蚊鱼	96h	LC_{50}	0.520	是
10	虹鳟鱼	96h	LC_{50}	0.008	是
11	虹鳟鱼	96h	LC_{50}	0.015	是
12	虹鳟鱼	96h	LC_{50}	0.051	是

5.2.1.10　福美双地表水预测无效应浓度估算

福美双对水生生物的急性和慢性毒性数据见表 5.18。福美双对水生生物的毒性数据主要包括藻类、溞类、鱼类、软体动物等，共 15 个，全部数据均经过同行评审。其中，急性毒性数据 14 个，包括 3 个营养级水生生物；慢性毒性数据 1 个。因此选择不确定性因子 100 计算 $PNEC_{溞急}$ 和 $PNEC_{鱼急}$；选择不确定性因子 10 计算 $PNEC_{鱼慢}$。结果表明，水溞的 EC_{50} 数值最小值为大型溞 48h 毒性效应值 0.036mg/L，得到 $PNEC_{溞急}$ 为 0.000 36mg/L；鱼类的 LC_{50} 数值最小值为丑角波鱼 96h 毒性效应值 0.007mg/L，得到 $PNEC_{鱼急}$ 值为 0.000 07mg/L。鱼类的 $NOEC$ 值最小值为虹鳟鱼毒性效应值 0.000 32mg/L，$PNEC_{鱼慢}$ 为 0.000 032mg/L。

由于获得了鱼类慢性毒性数据，因此选择不确定性因子 100，计算 $PNEC_s$。鱼类 $NOEC$ 值最小值为虹鳟鱼毒性效应值 0.000 32mg/L，得到 $PNEC_s$ 值为 0.000 003 2mg/L。因福美双对虹鳟鱼毒性最高，因此，$PNEC_{sw}$ 值采用 0.07μg/L 时可以保护所有水生生物。

表 5.18　福美双对水生生物的急性和慢性毒性数据

序号	物种名称	测试时间	毒性终点	毒性值（mg/L）	同行评审
1	羊角月牙藻	72h	EC_{50}	0.190	是
2	羊角月牙藻	72h	EC_{50}	0.060	是
3	大型溞	48h	EC_{50}	0.036	是
4	大型溞	48h	LC_{50}	0.210	是
5	网纹鳉	96h	LC_{50}	0.270	是
6	丑角波鱼	96h	LC_{50}	0.007	是
7	虹鳟鱼	48h	LC_{50}	0.130	是
8	虹鳟鱼	48h	LC_{50}	0.230	是
9	蓝鳃太阳鱼	48h	LC_{50}	0.130	是
10	蓝鳃太阳鱼	48h	LC_{50}	0.230	是
11	蓝鳃太阳鱼	96h	LC_{50}	0.042	是
12	长牡蛎	96h	LC_{50}	0.004 7	是
13	扁蠕虫	96h	LC_{50}	0.480	是
14	爪蟾	96h	LC_{50}	0.013	是
15	虹鳟鱼	—	$NOEC$	0.000 32	是

5.2.1.11　嘧霉胺地表水预测无效应浓度估算

嘧霉胺对水生生物的急性和慢性毒性数据见表 5.19。嘧霉胺对水生生物的毒性数据主要包括藻类、溞类、鱼类等，共 9 个，其中 6 个数据经过同行评审，3 个数据未知。这些数据共有急性毒性数据 4 个，包括藻、溞、鱼 3 个营养级水生生物；慢性毒性数据 5 个，包括藻、溞、鱼 3 个营养级水生生物。因此选择不确定性因子 100 计算 $PNEC_{溞急}$ 和 $PNEC_{鱼急}$；选择不确定性因子 10 计算 $PNEC_{藻慢}$、$PNEC_{溞慢}$ 和 $PNEC_{鱼慢}$。结果表明，水溞的 EC_{50} 数值最小值为水溞 48h 毒性效应值 2.900mg/L，得到 $PNEC_{溞急}$ 为

0.029mg/L；鱼类的 LC_{50} 数值最小值为虹鳟鱼 96h 毒性效应值 10.560mg/L，得到 $PNEC_{鱼急}$ 值为 0.105 6mg/L。$PNEC_{藻慢}$、$PNEC_{溞慢}$ 和 $PNEC_{鱼慢}$ 值分别为 0.1mg/L、0.094mg/L 和 0.002mg/L。

因获得 3 个营养级水生生物慢性毒性数据，因此选择不确定性因子 10，计算 $PNEC_s$。水生生物的 $NOEC$ 最小值为虹鳟鱼 96h 毒性效应值 0.02mg/L，得到 $PNEC_s$ 值为 0.002mg/L。因嘧霉胺对虹鳟鱼毒性最高，$PNEC_{溞急}$、$PNEC_{鱼急}$、$PNEC_{藻慢}$ 和 $PNEC_{溞慢}$ 对水生生物均 "欠保护"。因此，$PNEC_{sw}$ 值采用 2.0µg/L 可以保护所有水生生物。

表 5.19　嘧霉胺对水生生物的急性和慢性毒性数据

序号	物种名称	测试时间	毒性终点	毒性值（mg/L）	同行评审
1	绿藻	96h	EC_{50}	1.200	是
2	绿藻	96h	EC_{50}	5.840	是
3	水溞	48h	EC_{50}	2.900	是
4	虹鳟鱼	96h	LC_{50}	10.560	是
5	水溞	21d	$NOEC$	0.940	是
6	摇蚊	28d	$NOEC$	4.000	是
7	羊角月牙藻	—	$NOEC$	1.000	未知
8	大型溞	—	$NOEC$	0.940	未知
9	虹鳟鱼	—	$NOEC$	0.020	未知

5.2.1.12　异菌脲地表水预测无效应浓度估算

异菌脲对水生生物的急性和慢性毒性数据见表 5.20。异菌脲对水生生物的毒性数据主要包括藻类、溞类、鱼类、甲壳类动物等，共 9 个，其中 4 个数据经过同行评审，5 个数据未知。这些数据共有急性毒性数据 4 个，包括 3 个营养级水生生物；慢性毒性数据 5 个，包括 3 个营养级水生生物。

表 5.20　异菌脲对水生生物的急性和慢性毒性数据

序号	物种名称	测试时间	毒性终点	毒性值（mg/L）	同行评审
1	舟形藻	120h	EC_{50}	0.021	是
2	大型溞	48h	LC_{50}	0.240	是
3	虹鳟鱼	96h	LC_{50}	4.100	是
4	蓝鳃太阳鱼	96h	LC_{50}	3.700	是
5	羊角月牙藻	—	$NOEC$	0.013	未知
6	大型溞	—	$NOEC$	0.170	未知
7	黑头呆鱼	—	$NOEC$	0.260	未知
8	中肋骨条藻	—	$NOEC$	0.014 5	未知
9	糠虾	—	$NOEC$	0.003 5	未知

　　因此选择不确定性因子 100 计算 $PNEC_{溞急}$ 和 $PNEC_{鱼急}$；选择不确定性因子 10 计算 $PNEC_{藻慢}$、$PNEC_{溞慢}$ 和 $PNEC_{鱼慢}$。结果表明，水溞 LC_{50} 数值最小值为大型溞 48h 毒性效应值 0.24mg/L，得到 $PNEC_{溞急}$ 0.002 4mg/L；鱼类的 LC_{50} 数值最小值为蓝鳃太阳鱼 96h 毒性效应值 3.700mg/L，得到 $PNEC_{鱼急}$ 值 0.037mg/L。$PNEC_{藻慢}$ 和 $PNEC_{溞慢}$ 分别为 0.001 3mg/L 和 0.017mg/L。舍弃黑头呆鱼慢性毒性数据，故无法推导 $PNEC_{鱼慢}$ 值。

　　由于获得 3 个营养级水生生物慢性毒性数据，因此选择不确定性因子 10，计算 $PNEC_s$。水生生物的 $NOEC$ 数值最小值为羊角月牙藻毒性效应值 0.013mg/L，得到 $PNEC_s$ 值为 0.001 3mg/L。由于异菌脲对糠虾生态毒性最高，$NOEC$ 值为 0.003 5mg/L，$PNEC_{鱼急}$ 和 $PNEC_{溞慢}$ 值对水生生物"欠保护"，$PNEC_{溞急}$、$PNEC_{藻慢}$ 和 $PNEC_s$ 与糠虾生态毒性均处于同一数量级，按照"最坏情况假设"原则，$PNEC_{sw}$ 值采用 1.3μg/L 可以保护所有水生生物。

5.2.1.13　虫酰肼地表水预测无效应浓度估算

　　虫酰肼对水生生物的急性和慢性毒性数据见表 5.21。虫酰肼对水生生物的毒性数据主要包括藻类、溞类、鱼类、甲壳类动物等，共 13 个，其中 12 个数据经过同行评审，1 个未知。这些数据共有急性毒性数据 8 个，包括藻、溞、鱼 3 个营养级水生生物；慢性毒性数据 5 个，包括藻、溞 2 个营养级水生生物。因此选择不确定性因子 100 计算 $PNEC_{溞急}$ 和 $PNEC_{鱼急}$，选择不确定性因子 10 计算 $PNEC_{藻慢}$ 和 $PNEC_{溞慢}$。

表 5.21　虫酰肼对水生生物的急性和慢性毒性数据

序号	物种名称	测试时间	毒性终点	毒性值（mg/L）	同行评审
1	虹鳟鱼	96h	LC_{50}	5.700	未知
2	蓝鳃太阳鱼	96h	LC_{50}	3.000	是
3	糠虾	96h	LC_{50}	1.400	是
4	淡水藻	96h	EC_{50}	0.230	是
5	淡水藻	72h	EC_{50}	0.190	是
6	大型溞	48h	EC_{50}	3.800	是
7	大型溞	21d	$NOEC$	0.029	是
8	大型溞	21d	$NOEC$	0.059	是
9	摇蚊	48h	EC_{50}	>0.890	是
10	摇蚊	96h	EC_{50}	0.300	是
11	摇蚊	28d	$NOEC$	0.005 7	是
12	淡水藻	96h	$NOEC$	0.046	是
13	淡水藻	72h	$NOEC$	<0.046	是

结果表明，水溞的 EC_{50} 数值最小值为大型溞 48h 毒性效应值 3.800mg/L，得到 $PNEC_{溞急}$ 为 0.038mg/L；鱼类的 LC_{50} 数值最小值为蓝鳃太阳鱼 96h 毒性效应值 3.000mg/L，得到 $PNEC_{鱼急}$ 值为 0.030mg/L。$PNEC_{藻慢}$ 和 $PNEC_{溞慢}$ 分别为 0.004 6mg/L 和 0.002 9mg/L。

由于获得藻、溞 2 个营养级水生生物慢性毒性数据，因此选择不确定性因子 50，计算 $PNEC_s$。2 个营养级水生生物的 $NOEC$ 数值最小值为大型溞 21d 毒性效应值 0.029mg/L，得到 $PNEC_s$ 值为 0.000 58mg/L。由于虫酰肼对摇蚊生态毒性最高，$NOEC$（28d）为 0.005 7mg/L，$PNEC_{溞急}$ 和

$PNEC_{鱼急}$对水生生物均"欠保护",$PNEC_{藻慢}$和$PNEC_{溞慢}$与摇蚊生态毒性在同一数量级,存在"欠保护"风险,因此$PNEC_{sw}$值采用0.58μg/L可以保护所有水生生物。

5.2.1.14 二甲戊灵地表水预测无效应浓度估算

二甲戊灵对水生生物的急性和慢性毒性数据见表5.22。二甲戊灵对水生生物的毒性数据主要包括溞类、鱼类等,共14个,其中10个数据经过同行评审。这些数据共有急性毒性数据9个,慢性毒性数据5个,包括3个营养级水生生物。因此选择不确定性因子100计算$PNEC_{溞急}$和$PNEC_{鱼急}$,选择不确定性因子10计算$PNEC_{藻慢}$、$PNEC_{溞慢}$和$PNEC_{鱼慢}$。

表5.22 二甲戊灵对水生生物的急性和慢性毒性数据

序号	物种名称	测试时间	毒性终点	毒性值（mg/L）	同行评审
1	大型溞	48h	LC_{50}	0.280	是
2	大型溞	48h	EC_{50}	0.280	是
3	杂色鳉	96h	LC_{50}	0.710	是
4	斑点叉尾鮰	96h	LC_{50}	0.418	是
5	蓝鳃太阳鱼	96h	LC_{50}	0.199	是
6	虹鳟鱼	96h	LC_{50}	0.138	是
7	黑头呆鱼	96h	LC_{50}	0.000 19	是
8	羊角月牙藻	5d	EC_{50}	0.006	是
9	膨胀浮萍	14d	EC_{50}	0.012	是
10	大型溞	21d	$NOEC$	0.017	是
11	大型溞	—	$NOEC$	0.014 5	未知
12	黑头呆鱼	—	$NOEC$	0.006	未知
13	羊角月牙藻	—	$NOEC$	0.003	未知
14	中肋骨条藻	—	$NOEC$	0.000 7	未知

结果表明，水溞 LC_{50} 最小值为大型溞毒性效应值 0.280mg/L，得到 $PNEC_{溞急}$ 为 0.002 8mg/L；鱼类 LC_{50} 最小值为黑头呆鱼毒性效应值 0.000 19mg/L，但是该物种并非中国已有物种，故舍弃。采用虹鳟鱼 96h 毒性效应值 0.138mg/L，得到 $PNEC_{鱼急}$ 值为 0.001 38mg/L。$PNEC_{藻慢}$ 和 $PNEC_{溞慢}$ 分别为 0.000 07mg/L 和 0.001 45mg/L。虽然查询到黑头呆鱼慢性毒性数据，但该物种并非中国已有物种，因此舍弃，故无法推导 $PNEC_{鱼慢}$ 值。

由于获得 3 个营养级水生生物慢性毒性数据，因此选择不确定性因子 10 计算 $PNEC_s$。水生生物 NOEC 最小值为中肋骨条藻毒性效应值 0.000 7mg/L，得到 $PNEC_s$ 值 0.000 07mg/L。由于二甲戊灵对中肋骨条藻生态毒性最高，$PNEC_{溞急}$、$PNEC_{鱼急}$ 和 $PNEC_{溞慢}$ 对水生生物均"欠保护"，因此 $PNEC_{sw}$ 值采用 0.07μg/L 可以保护所有水生生物。

5.2.1.15　三乙膦酸铝地表水预测无效应浓度估算

三乙膦酸铝对水生生物的急性和慢性毒性数据见表 5.23。三乙膦酸铝对水生生物的毒性数据主要包括藻类、溞类、鱼类、甲壳类动物等，共 19 个，全部数据均经过同行评审。其中，急性毒性数据 10 个，包括藻、溞、鱼 3 个营养级水生生物；慢性毒性数据 9 个，包括藻、溞、鱼 3 个营养级。因此，选择不确定性因子 100 计算 $PNEC_{溞急}$ 和 $PNEC_{鱼急}$，选择不确定性因子 10 计算 $PNEC_{藻慢}$、$PNEC_{溞慢}$ 和 $PNEC_{鱼慢}$。

表 5.23　三乙膦酸铝对水生生物的急性和慢性毒性数据

序号	物种名称	测试时间	毒性终点	毒性值（mg/L）	同行评审
1	小球藻	96h	EC_{50}	6.795	是
2	栅连藻	96h	EC_{50}	34.219	是
3	水华鱼腥藻	7d	EC_{50}	7.240	是
4	膨胀浮萍	14d	EC_{50}	56.130	是
5	舟形藻	7d	EC_{50}	8.930	是
6	羊角月牙藻	7d	EC_{50}	4.990	是

（续表）

序号	物种名称	测试时间	毒性终点	毒性值（mg/L）	同行评审
7	中肋骨条藻	7d	EC_{50}	0.840	是
8	大型溞	48h	EC_{50}	304.000	是
9	大型溞	96h	EC_{50}	304.000	是
10	虹鳟鱼	96h	LC_{50}	428.000	是
11	杂色鳉	96h	LC_{50}	120.000	是
12	蓝鳃太阳鱼	96h	LC_{50}	141.400	是
13	丑角波鱼	96h	LC_{50}	161.300	是
14	草虾	96h	LC_{50}	3.600	是
15	招潮蟹	96h	LC_{50}	145.000	是
16	虹鳟鱼	21d	$NOEC$	100.000	是
17	大型溞	23d	$NOEC$	100.000	是
18	大型溞	21d	$NOEC$	22.870	是
19	摇蚊	26d	$NOEC$	68.100	是

结果表明，水溞的 EC_{50} 数值最小值为大型溞48h毒性效应值304.000mg/L，得到 $PNEC_{溞急}$ 为3.040mg/L；鱼类的 LC_{50} 数值最小值为杂色鳉96h毒性效应值120.000mg/L，得到 $PNEC_{鱼急}$ 值为1.200mg/L。$PNEC_{藻慢}$、$PNEC_{溞慢}$ 和 $PNEC_{鱼慢}$ 分别为0.084mg/L、2.287mg/L 和10.000mg/L。

由于获得藻、溞、鱼3个营养级水生生物慢性毒性数据，因此选择不确定性因子10，计算 $PNEC_s$。水生生物的 EC_{50} 数值最小值为中肋骨条藻7d毒性效应值0.840mg/L，得到 $PNEC_s$ 值为0.084mg/L。由于三乙膦酸铝对中肋骨条藻生态毒性最高，EC_{50}（7d）值为0.840mg/L，$PNEC_{溞急}$、$PNEC_{鱼急}$、$PNEC_{溞慢}$ 和 $PNEC_{鱼慢}$ 对水生生物均"欠保护"，因此 $PNEC_{sw}$ 值采用 $PNEC_s$（或 $PNEC_{藻慢}$）值84μg/L 可以保护所有水生生物。

5.2.1.16　灭蝇胺地表水预测无效应浓度估算

灭蝇胺对水生生物的急性和慢性毒性数据见表 5.24。灭蝇胺对水生生物的毒性数据主要包括溞类、鱼类等，共 7 个，全部数据均经过同行评审。其中，急性毒性数据 4 个，包括溞、鱼 2 个营养级水生生物；慢性毒性数据 3 个，包括溞、鱼 2 个营养级水生生物。因此选择不确定性因子 100 计算 $PNEC_{溞急}$ 和 $PNEC_{鱼急}$，选择不确定性因子 10 计算 $PNEC_{溞慢}$ 和 $PNEC_{鱼慢}$。结果表明，水溞的 EC_{50} 数值最小值为大型溞 48h 毒性效应值 97.800mg/L，得到 $PNEC_{溞急}$ 为 0.978mg/L；鱼类的 LC_{50} 数值最小值为虹鳟鱼 96h 毒性效应值 87.900mg/L，得到 $PNEC_{鱼急}$ 值 0.879mg/L。$PNEC_{溞慢}$ 值 0.031mg/L，虽然查询到黑头呆鱼慢性毒性数据，但该物种并非中国已有物种，因此舍弃，故无法推导 $PNEC_{鱼慢}$ 值。

表 5.24　灭蝇胺对水生生物的急性和慢性毒性数据

序号	物种名称	测试时间	毒性终点	毒性值（mg/L）	同行评审
1	大型溞	48h	EC_{50}	97.800	是
2	斑点叉尾鮰	96h	LC_{50}	>91.600	是
3	蓝鳃太阳鱼	96h	LC_{50}	>89.700	是
4	虹鳟鱼	96h	LC_{50}	>87.900	是
5	大型溞	21d	$NOEC$	0.310	是
6	摇蚊	26d	$NOEC$	0.025	是
7	黑头呆鱼	32d	$NOEC$	14.000	是

由于获得 2 个营养级水生生物慢性毒性数据，因此选择不确定性因子 50 计算 $PNEC_s$。水生生物的 $NOEC$ 数值最小值为大型溞 21d 毒性效应值 0.310mg/L，得到 $PNEC_s$ 值为 0.006 2mg/L。由于灭蝇胺对摇蚊毒性效应最高，$NOEC$（21d）为 0.025mg/L，$PNEC_{溞急}$、$PNEC_{鱼急}$ 和 $PNEC_{溞慢}$ 对水生生物均"欠保护"，因此 $PNEC_{sw}$ 值采用 6.2μg/L 可以保护所有水生生物。

5.2.1.17 敌百虫地表水预测无效应浓度估算

敌百虫对水生生物的急性毒性数据见表 5.25。敌百虫对水生生物的毒性数据主要包括溞类、鱼类、甲壳类动物等，共 25 个，全部数据均经过同行评审。其中，急性毒性数据 25 个，包括溞、鱼 2 个营养级水生生物；没有查询到慢性毒性数据。因此选择不确定性因子 100 计算 $PNEC_{溞急}$ 和 $PNEC_{鱼急}$。

表 5.25　敌百虫对水生生物的急性和慢性毒性数据

序号	物种名称	测试时间	毒性终点	毒性值（mg/L）	同行评审
1	锯顶低额溞	48h	LC_{50}	0.000 32	是
2	蚤状溞	48h	LC_{50}	0.000 18	是
3	割喉鳟鱼	96h	LC_{50}	2.700	是
4	虹鳟鱼	96h	LC_{50}	1.750	是
5	大西洋鲑	96h	LC_{50}	1.400	是
6	褐鳟鱼	96h	LC_{50}	3.500	是
7	溪红点鲑	96h	LC_{50}	2.500	是
8	湖红点鲑	96h	LC_{50}	0.550	是
9	斑点叉尾鮰	96h	LC_{50}	0.880	是
10	蓝鳃太阳鱼	96h	LC_{50}	3.170	是
11	蓝鳃太阳鱼	96h	LC_{50}	0.940	是
12	虹鳟鱼	96h	LC_{50}	0.700	是
13	蓝鳃太阳鱼	96h	LC_{50}	2.400	是
14	条纹狼鲈	96h	LC_{50}	2.000	是
15	黄鲈	96h	LC_{50}	>10.000	是
16	鳝鱼	96h	LC_{50}	3.380	是
17	鲤鱼	96h	LC_{50}	14.300	是
18	鲥鱼	96h	LC_{50}	100.000	是

（续表）

序号	物种名称	测试时间	毒性终点	毒性值（mg/L）	同行评审
19	罗非鱼	96h	LC_{50}	5.600	是
20	美洲牡蛎	48h	LC_{50}	1.000	是
21	钩虾	96h	LC_{50}	0.040	是
22	龙虾	96h	LC_{50}	7.800	是
23	钩虾	96h	LC_{50}	0.040	是
24	克氏原螯虾	96h	LC_{50}	0.990	是
25	罗氏沼虾	96h	LC_{50}	0.460	是

结果表明，水溞的 LC_{50} 数值最小值为蚤状溞 48h 毒性效应值 0.000 18mg/L，得到 $PNEC_{溞急}$ 为 0.000 001 8mg/L；鱼类的 LC_{50} 数值最小值为虹鳟鱼 96h 毒性效应值 0.700mg/L，得到 $PNEC_{鱼急}$ 值为 0.007mg/L。

由于仅获得溞、鱼 2 个营养级水生生物急性毒性数据，因此无法推导计算 $PNEC_{s}$。因敌百虫对蚤状溞生态毒性最高，因此 $PNEC_{sw}$ 值采用 0.001 8μg/L 可以保护所有水生生物。

5.2.1.18　烯草酮地表水预测无效应浓度估算

烯草酮对水生生物的急性和慢性毒性数据见表 5.26。烯草酮对水生生物的毒性数据主要包括藻类、溞类、鱼类等，共 16 个，全部数据均经过同行评审。其中，急性毒性数据 8 个，包括 3 个营养级水生生物；慢性毒性数据 8 个，包括 3 个营养级水生生物。因此选择不确定性因子 100 计算 $PNEC_{溞急}$ 和 $PNEC_{鱼急}$，选择不确定性因子 10 计算 $PNEC_{藻慢}$、$PNEC_{溞慢}$ 和 $PNEC_{鱼慢}$。结果表明，水溞 LC_{50} 最小值为大型溞毒性效应值 5.700mg/L，得到 $PNEC_{溞急}$ 为 0.057mg/L；鱼类 LC_{50} 最小值为虹鳟鱼毒性效应值 19.000mg/L，得到 $PNEC_{鱼急}$ 值为 0.190mg/L。$PNEC_{藻慢}$、$PNEC_{溞慢}$ 和 $PNEC_{鱼慢}$ 分别为 0.134mg/L、4.900mg/L 和 0.390mg/L。

表 5.26　烯草酮对水生生物的急性和慢性毒性数据

序号	物种名称	测试时间	毒性终点	毒性值（mg/L）	同行评审
1	水华鱼腥藻	5d	EC_{50}	65.580	是
2	舟形藻	5d	EC_{50}	42.000	是
3	小球藻	96h	EC_{50}	90.351	是
4	普通小球藻	96h	EC_{50}	38.705	是
5	羊角月牙藻	5d	EC_{50}	>11.400	是
6	栅连藻变种	96h	EC_{50}	56.806	是
7	四尾栅藻	96h	EC_{50}	76.900	是
8	中肋骨条藻	5d	EC_{50}	33.000	是
9	膨胀浮萍	14d	EC_{50}	1.340	是
10	膨胀浮萍	14d	EC_{50}	166.000	是
11	大型溞	48h	EC_{50}	20.200	是
12	大型溞	48h	LC_{50}	5.700	是
13	蓝鳃太阳鱼	96h	LC_{50}	33.000	是
14	虹鳟鱼	96h	LC_{50}	19.000	是
15	虹鳟鱼	21d	$NOEC$	3.900	是
16	大型溞	21d	$NOEC$	49.000	是

由于获得藻、溞、鱼 3 个营养级水生生物慢性毒性数据，因此选择不确定性因子 10，计算 $PNEC_s$。水生生物的 $NOEC$（或 EC_{50}）数值最小值为膨胀浮萍 14d 毒性效应值 1.340mg/L，得到 $PNEC_s$ 值为 0.134mg/L。由于烯草酮对膨胀浮萍生态毒性最高，因此 $PNEC_{sw}$ 值采用 $PNEC_{鱼慢}$ 值为 390μg/L 可以保护所有水生生物。

5.2.1.19　乙草胺地表水预测无效应浓度估算

乙草胺对水生生物的急性和慢性毒性数据见表 5.27。

表 5.27　乙草胺对水生生物的急性和慢性毒性数据

序号	物种名称	测试时间	毒性终点	毒性值（mg/L）	同行评审
1	水华鱼腥藻	5d	EC_{50}	35.000	是
2	舟形藻	4d	EC_{50}	1.380	是
3	羊角月牙藻	5d	EC_{50}	1.430	是
4	中肋骨条藻	4d	EC_{50}	0.003 4	是
5	膨胀浮萍	14d	EC_{50}	0.003 4	是
6	小球藻	96h	EC_{50}	6.763	是
7	栅藻	96h	EC_{50}	33.895	是
8	小球藻	96h	EC_{50}	34.756	是
9	栅藻	96h	EC_{50}	0.008	是
10	四尾栅藻	96h	EC_{50}	4.300	是
11	大型溞	48h	EC_{50}	14.000	是
12	大型溞	48h	EC_{50}	7.200	是
13	大型溞	48h	EC_{50}	8.200	是
14	杂色鳉	96h	LC_{50}	2.100	是
15	杂色鳉	96h	LC_{50}	3.900	是
16	蓝鳃太阳鱼	96h	LC_{50}	1.300	是
17	蓝鳃太阳鱼	96h	LC_{50}	1.500	是
18	虹鳟鱼	96h	LC_{50}	1.200	是
19	虹鳟鱼	96h	LC_{50}	0.380	是
20	虹鳟鱼	96h	LC_{50}	0.420	是
21	负鼠虾	96h	LC_{50}	2.200	是
22	负鼠虾	96h	LC_{50}	5.300	是
23	羊角月牙藻	72h	EC_{50}	0.000 52	是
24	羊角月牙藻	72h	EC_{50}	0.000 31	是
25	绿藻	—	$NOEC$	0.000 13	未知
26	绿藻	—	$NOEC$	0.001 6	未知
27	虹鳟鱼	60d	$NOEC$	0.130	是
28	大型溞	21d	$NOEC$	0.022 1	是

乙草胺对水生生物的毒性数据主要包括藻类、溞类、鱼类、甲壳类动物等，共 28 个，其中 24 个数据经过同行评审，4 个数据未知。所有数据共有急性毒性数据 24 个，包括藻、溞、鱼 3 个营养级水生生物；慢性毒性数据 4 个，包括藻、溞、鱼 3 个营养级水生生物。因此选择不确定性因子 100 计算 $PNEC_{溞急}$ 和 $PNEC_{鱼急}$，选择不确定性因子 10 计算 $PNEC_{藻慢}$、$PNEC_{溞慢}$ 和 $PNEC_{鱼慢}$。结果表明，水溞 EC_{50} 数值最小值为大型溞 48h 毒性效应值 7.200mg/L，得到 $PNEC_{溞急}$ 为 0.072mg/L；鱼类 LC_{50} 数值最小值为虹鳟鱼 96h 毒性效应值 0.380mg/L，得到 $PNEC_{鱼急}$ 值为 0.003 8mg/L。$PNEC_{藻慢}$、$PNEC_{溞慢}$ 和 $PNEC_{鱼慢}$ 分别为 0.000 013mg/L、0.002 21mg/L 和 0.013mg/L。

因获得三个营养级水生生物慢性毒性数据，因此选择不确定性因子 10，计算 $PNEC_s$。水生生物的 NOEC 数值最小值为绿藻毒性效应值 0.000 13mg/L，得到 $PNEC_s$ 值为 0.0000 13mg/L。由于乙草胺对绿藻生态毒性最高，$PNEC_{溞急}$、$PNEC_{鱼急}$、$PNEC_{溞慢}$ 和 $PNEC_{鱼慢}$ 对水生生物均"欠保护"，因此 $PNEC_{sw}$ 值采用 0.013μg/L 可以保护所有水生生物。

5.2.1.20 四聚乙醛地表水预测无效应浓度估算

四聚乙醛对水生生物的急性和慢性毒性数据见表 5.28。毒性效应数据主要包括溞类、鱼类等，共 4 个，全部数据均经过同行评审。其中，急性毒性数据 2 个，包括溞类、鱼类 2 个营养级水生生物；慢性毒性数据 2 个，包括溞类、鱼类 2 个营养级水生生物。因此选择不确定性因子 100 计算 $PNEC_{溞急}$ 和 $PNEC_{鱼急}$，选择不确定性因子 10 计算 $PNEC_{溞慢}$ 和 $PNEC_{鱼慢}$。结果表明，水溞的 LC_{50} 数值最小值为水溞 48h 毒性效应值 >77.660mg/L，得到 $PNEC_{溞急}$ 为 0.776 6mg/L；鱼类的 LC_{50} 数值最小值为虹鳟鱼 96h 毒性效应值 69.000mg/L，得到 $PNEC_{鱼急}$ 值为 0.690mg/L。$PNEC_{溞慢}$ 和 $PNEC_{鱼慢}$ 分别为 9.000mg/L 和 3.750mg/L。

表 5.28　四聚乙醛对水生生物的急性和慢性毒性数据

序号	物种名称	测试时间	毒性终点	毒性值（mg/L）	同行评审
1	水溞	48h	LC_{50}	>77.660	是
2	虹鳟鱼	96h	LC_{50}	69.000	是
3	大型溞	21d	$NOEC$	90.000	是
4	虹鳟鱼	21d	$NOEC$	37.500	是

　　由于获得 2 个营养级水生生物慢性毒性数据，因此选择不确定性因子 50 计算 $PNEC_s$。水生生物 $NOEC$ 最小值为虹鳟鱼毒性效应值 37.500mg/L，得到 $PNEC_s$ 值 0.75mg/L。由于四聚乙醛对虹鳟鱼生态毒性最高，因此 $PNEC_{sw}$ 值采用 776.6μg/L 可以保护所有水生生物。

5.2.1.21　嘧菌酯地表水预测无效应浓度估算

　　嘧菌酯对水生生物的急性和慢性毒性数据见表 5.29。毒性效应数据包括藻类、溞类、鱼类、甲壳类动物和软体生物等，共 17 个。其中 15 个数据经过同行评审，2 个数据未知。全部数据共有急性毒性数据 8 个，包括溞、鱼 2 个营养级水生生物；慢性毒性数据 9 个，包括 3 个营养级水生生物。因此选择不确定性因子 100 计算 $PNEC_{溞急}$ 和 $PNEC_{鱼急}$，选择不确定性因子 10 计算 $PNEC_{藻慢}$、$PNEC_{溞慢}$ 和 $PNEC_{鱼慢}$。结果表明，水溞的 EC_{50} 数值最小值为大型溞 48h 毒性效应值 0.259mg/L，得到 $PNEC_{溞急}$ 0.002 59mg/L；鱼类的 LC_{50} 数值最小值为虹鳟鱼 96h 毒性效应值 0.470mg/L，得到 $PNEC_{鱼急}$ 值 0.004 7mg/L。$PNEC_{藻慢}$ 和 $PNEC_{溞慢}$ 分别为 0.003 8mg/L 和 0.004 4mg/L。舍弃黑头呆鱼慢性毒性数据，故无法推导 $PNEC_{鱼慢}$ 值。

表 5.29　嘧菌酯对水生生物的急性和慢性毒性数据

序号	物种名称	测试时间	毒性终点	毒性值（mg/L）	同行评审
1	水华鱼腥藻	5d	EC_{50}	13.000	是
2	舟形藻	5d	EC_{50}	0.049	是
3	羊角月牙藻	5d	EC_{50}	0.106	是
4	中肋骨条藻	5d	EC_{50}	0.453	是
5	膨胀浮萍	14d	EC_{50}	3.400	是
6	大型溞	48h	EC_{50}	0.259	是
7	大型溞	48h	EC_{50}	>50.000	是
8	杂色鳉	96h	LC_{50}	0.671	是
9	蓝鳃太阳鱼	96h	LC_{50}	1.100	是
10	虹鳟鱼	96h	LC_{50}	0.470	是
11	负鼠虾	96h	LC_{50}	0.056	是
12	钩虾	96h	LC_{50}	0.270	是
13	长牡蛎	48h	EC_{50}	1.300	是
14	黑头呆鱼	33d	$NOEC$	0.147	是
15	大型溞	21d	$NOEC$	0.044	是
16	羊角月牙藻	—	$NOEC$	0.038	未知
17	糠虾	—	$NOEC$	0.009 5	未知

　　由于获得藻、溞、鱼 3 个营养级水生生物慢性毒性数据，因此选择不确定性因子 10，计算 $PNEC_s$。水生生物的 $NOEC$ 数值最小值为羊角月牙藻毒性效应值 0.038mg/L，得到 $PNEC_s$ 值为 0.003 8mg/L。由于嘧菌酯对糠虾生态毒性最高，$NOEC_{糠虾}$=0.009 5mg/L，因此 $PNEC_{sw}$ 值采用 $PNEC_{溞急}$ 值 2.59μg/L 可以保护所有水生生物。

5.2.1.22　氯虫苯甲酰胺地表水预测无效应浓度估算

氯虫苯甲酰胺对水生生物的急性和慢性毒性数据见表 5.30。毒性效应数据主要包括藻类、溞类、鱼类、甲壳类动物和软体生物等，共 9 个，全部数据均经过同行评审。其中，急性毒性数据 7 个，包括 3 个营养级水生生物；慢性毒性数据 2 个，包括 2 个营养级水生生物。因此选择不确定性因子 100 计算 $PNEC_{溞急}$ 和 $PNEC_{鱼急}$，选择不确定性因子 10 计算 $PNEC_{溞慢}$ 和 $PNEC_{鱼慢}$。结果表明，水溞 EC_{50} 最小值为大型溞 48h 毒性效应值 0.011 6mg/L，得到 $PNEC_{溞急}$ 为 0.000 116mg/L；鱼类 LC_{50} 最小值为杂色鳉 96h 毒性效应值 >12.000mg/L，得到 $PNEC_{鱼急}$ 值 >0.120mg/L。$PNEC_{溞慢}$ 和 $PNEC_{鱼慢}$ 分别为 0.000 447mg/L 和 0.011mg/L。

由于获得 2 个营养级水生生物慢性毒性数据，因此选择不确定性因子 50 计算 $PNEC_s$。水生生物 $NOEC$ 最小值为大型溞毒性效应值 0.004 47mg/L，得到 $PNEC_s$ 值为 0.000 089 4mg/L。由于氯虫苯甲酰胺对大型溞生态毒性最高，$NOEC_溞$ =0.004 47mg/L，$PNEC_{鱼急}$ 和 $PNEC_{鱼慢}$ 对水生生物均"欠保护"，因此 $PNEC_{sw}$ 值采用 0.447μg/L 可以保护所有水生生物。

表 5.30　氯虫苯甲酰胺对水生生物的急性和慢性毒性数据

序号	物种名称	测试时间	毒性终点	毒性值（mg/L）	同行评审
1	大型溞	48h	EC_{50}	0.011 6	是
2	虹鳟鱼	96h	LC_{50}	>13.800	是
3	杂色鳉	96h	LC_{50}	>12.000	是
4	美洲牡蛎	96h	EC_{50}	0.039 9	是
5	克氏原螯虾	96h	LC_{50}	0.951	是
6	糠虾	96h	LC_{50}	1.150	是
7	虹鳟鱼	90d	$NOEC$	0.110	是
8	羊角月牙藻	120h	EC_{50}	>2.000	是
9	大型溞	21d	$NOEC$	0.004 47	是

5.2.1.23　吡蚜酮地表水预测无效应浓度估算

吡蚜酮对水生生物的急性和慢性毒性数据见表5.31。吡蚜酮对水生生物的毒性数据主要包括溞类、鱼类、甲壳类动物等，共8个，全部数据均经过同行评审。其中急性毒性数据5个，包括2个营养级水生生物；慢性毒性数据3个，包括2个营养级水生生物。因此选择不确定性因子100计算$PNEC_{溞急}$和$PNEC_{鱼急}$，选择不确定性因子10计算$PNEC_{溞慢}$和$PNEC_{鱼慢}$。结果表明，水溞的EC_{50}数值最小值为大型溞48h毒性效应值87.000mg/L，得到$PNEC_{溞急}$为0.870mg/L；鱼类的LC_{50}数值最小值为虹鳟鱼96h毒性效应值>100.000mg/L，得到$PNEC_{鱼急}$值为1.000mg/L。$PNEC_{溞慢}$和$PNEC_{鱼慢}$分别为0.002 5mg/L和1.170mg/L。

由于获得溞、鱼2个营养级水生生物慢性毒性数据，因此选择不确定性因子50，计算$PNEC_s$。水生生物的$NOEC$数值最小值为大型溞毒性效应值0.025mg/L，得到$PNEC_s$值为0.000 5mg/L。由于吡蚜酮对大型溞生态毒性最高，$PNEC_{溞急}$、$PNEC_{鱼急}$和$PNEC_{鱼慢}$对水生生物均"欠保护"，因此$PNEC_{sw}$值采用2.5μg/L可以保护所有水生生物。

表5.31　吡蚜酮对水生生物的急性和慢性毒性数据

序号	物种名称	测试时间	毒性终点	毒性值（mg/L）	同行评审
1	虹鳟鱼	96h	LC_{50}	>100.000	是
2	鲤鱼	96h	LC_{50}	>100.000	是
3	虹鳟鱼	60d	$NOEC$	11.700	是
4	大型溞	48h	EC_{50}	87.000	是
5	大型溞	48h	EC_{50}	>100.000	是
6	糠虾	96h	EC_{50}	61.700	是
7	大型溞	21d	$NOEC$	0.025	是
8	大型溞	21d	$NOEC$	0.100	是

5.2.1.24　虫螨腈地表水预测无效应浓度估算

虫螨腈对水生生物的急性和慢性毒性数据见表 5.32。毒性效应数据主要包括藻类、溞类和鱼类等，共 4 个，全部数据均经过同行评审。其中急性毒性数据 4 个，包括藻、溞、鱼 3 个营养级水生生物；没有检索到慢性毒性数据。因此选择不确定性因子 100 计算 $PNEC_{溞急}$ 和 $PNEC_{鱼急}$。结果表明，水溞的 EC_{50} 数值最小值为大型溞 48h 毒性效应值 0.006mg/L，得到 $PNEC_{溞急}$ 为 0.000 06mg/L；鱼类的 LC_{50} 数值最小值为虹鳟鱼 96h 毒性效应值 0.007mg/L，得到 $PNEC_{鱼急}$ 值为 0.000 07mg/L。

由于获得三个营养级水生生物急性毒性数据，因此选择不确定性因子 1 000 计算 $PNEC_s$。LC_{50} 最小值为大型溞 48h 毒性效应值 0.006mg/L，得到 $PNEC_s$ 值为 0.000 006mg/L。由于虫螨腈对大型溞生态毒性最高，因此 $PNEC_{sw}$ 值采用 0.07μg/L 可以保护所有水生生物。

表 5.32　虫螨腈对水生生物的急性和慢性毒性数据

序号	物种名称	测试时间	毒性终点	毒性值（mg/L）	同行评审
1	水溞	96h	LC_{50}	0.006 1	是
2	虹鳟鱼	96h	LC_{50}	0.007	是
3	大型溞	48h	EC_{50}	0.006	是
4	绿藻	72h	EC_{50}	0.132	是

5.2.1.25　氟啶虫酰胺地表水预测无效应浓度估算

氟啶虫酰胺对水生生物的急性和慢性毒性数据见表 5.33。毒性效应数据主要包括藻类、溞类和鱼类等，共 11 个，全部数据均经过同行评审。其中急性毒性数据 7 个，包括 3 个营养级水生生物；慢性毒性数据 4 个，包括 3 个营养级水生生物。因此选择不确定性因子 100 计算 $PNEC_{溞急}$ 和 $PNEC_{鱼急}$，选择不确定性因子 10 计算 $PNEC_{藻慢}$、$PNEC_{溞慢}$ 和 $PNEC_{鱼慢}$。

结果表明，水溞 EC_{50} 最小值为大型溞 48h 毒性效应值 100.000mg/L，得到 $PNEC_{溞急}$ 为 1.000mg/L；鱼类 LC_{50} 最小值为虹鳟鱼 96h 毒性效应值 100.000mg/L，得到 $PNEC_{鱼急}$ 值为 1.000mg/L。$PNEC_{藻慢}$ 和 $PNEC_{溞慢}$ 值分别为 11.900mg/L 和 0.310mg/L。虽然查询到黑头呆鱼慢性毒性数据，但该物种并非中国已有物种，因此舍弃，故无法推导 $PNEC_{鱼慢}$ 值。

表 5.33　氟啶虫酰胺对水生生物的急性和慢性毒性数据

序号	物种名称	测试时间	毒性终点	毒性值（mg/L）	同行评审
1	大型溞	48h	EC_{50}	>100.000	是
2	虹鳟鱼	96h	LC_{50}	>100.000	是
3	蓝鳃太阳鱼	96h	LC_{50}	>100.000	是
4	大型溞	48h	EC_{50}	>100.000	是
5	羊角月牙藻	72h	EC_{50}	>100.000	是
6	膨胀浮萍	7d	EC_{50}	119.000	是
7	大型溞	21d	$NOEC$	3.100	是
8	黑头呆鱼	33d	$NOEC$	10.000	是
9	摇蚊	28d	$NOEC$	25.000	是

由于获得藻、溞、鱼三个营养级水生生物慢性毒性数据，因此选择不确定性因子 10，计算 $PNEC_s$。水生生物的 $NOEC$ 数值最小值为大型溞 21d 毒性效应值 3.100mg/L，得到 $PNEC_s$ 值为 0.310mg/L。由于氟啶虫酰胺对大型溞生态毒性最高，$PNEC_{藻慢}$ 对水生生物"欠保护"，$PNEC_{溞急}$、$PNEC_{鱼急}$ 与水生生物生态效应值在同一数量级，存在"欠保护"风险，因此 $PNEC_{sw}$ 值采用 310μg/L 可以保护所有水生生物。

5.2.2　定量风险评估结果

5.2.2.1　模型计算结果

利用 GENEEC2 模型计算高效氯氟氰菊酯等蔬菜常用农药的地表水暴露浓度，见图 5.1。预测结果表明，选择保守峰值浓度作为暴露水平，则高效氯氟氰菊酯等蔬菜常用农药的 PEC_{sw} 范围为 0.022~109.93μg/L。

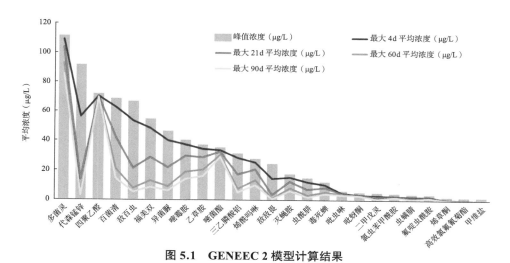

图 5.1　GENEEC 2 模型计算结果

5.2.2.2　定量风险评估结果

高效氯氟氰菊酯、甲氨基阿维菌素苯甲酸盐、代森锰锌等蔬菜常用农药地表水定量风险评估结果见表 5.34。评估结果表明，敌百虫、敌敌畏、毒死蜱、乙草胺、高效氯氟氰菊酯、福美双、多菌灵、代森锰锌、百菌清、二甲戊灵、虫螨腈、异菌脲、虫酰肼、吡虫啉、嘧霉胺、嘧菌酯、氯虫苯甲酰胺、烯酰吗啉、灭蝇胺、甲氨基阿维菌素苯甲酸盐、吡蚜酮按照登记剂量使用会对水生生物产生不可接受风险；三乙膦酸铝、烯草酮、四聚乙醛、氟啶虫酰胺 4 种农药的风险可接受。

表 5.34　蔬菜常用农药地表水定量风险评估结果

有效成分	$PNEC_{sw}$（μg/L）	PEC_{sw}（μg/L）	RQ_{sw}
高效氯氟氰菊酯	0.000 29	0.252	868.966
甲氨基阿维菌素苯甲酸盐	0.008 8	0.022	2.500
代森锰锌	0.730	90.06	123.370
百菌清	0.700	67.16	95.943
吡虫啉	0.209	4.71	22.536
敌敌畏	0.000 7	23.08	3 2971.429
毒死蜱	0.002 4	10.77	4 487.500
烯酰吗啉	5.600	26.52	4.736
多菌灵	0.320	109.93	343.531
福美双	0.070	52.93	756.143
嘧霉胺	2.000	38.83	19.415
异菌脲	1.300	44.84	34.492
虫酰肼	0.580	13.42	23.138
二甲戊灵	0.070	3.38	48.286
三乙膦酸铝	84.000	30.12	0.359
乙草胺	0.013	35.49	2 730.000
敌百虫	0.001 8	65.46	36 366.667
灭蝇胺	6.200	16.10	2.597
烯草酮	390.000	0.469	0.001
四聚乙醛	776.600	70.47	0.091
嘧菌酯	2.590	33.88	13.081
氯虫苯甲酰胺	0.447	2.94	6.577
吡蚜酮	2.500	3.65	1.460
虫螨腈	0.070	2.56	36.571
氟啶虫酰胺	310.000	2.32	0.007

5.2.3 定性风险评估结果

5.2.3.1 环境暴露分级结果

高效氯氟氰菊酯、甲氨基阿维菌素苯甲酸盐、代森锰锌、百菌清、吡虫啉等蔬菜常用农药的环境暴露因子主要考虑登记数量、田间用药量、用药次数、残留时间以及使用方式等，按各农药暴露因子分别进行赋分，分级结果见表 5.35。根据每种农药的暴露水平总分值，划定环境暴露级别（EXP_{sw}），其中属于 EXP_{sw} 3 级的农药共 3 个，属于 EXP_{sw} 2 级的农药共 22 个。

表 5.35 环境暴露分级结果

有效成分	环境暴露分级（分值）					暴露水平总分值（$Texp$）	环境暴露级别（EXP_{sw}）
	登记数量	用药量	用药次数	残留时间	使用方式		
高效氯氟氰菊酯	3	1	3	1	2	10	2
甲氨基阿维菌素苯甲酸盐	3	1	2	2	2	10	2
代森锰锌	2	3	3	1	2	11	2
百菌清	2	3	3	1	2	11	2
吡虫啉	2	2	2	2	2	10	2
敌敌畏	2	3	2	1	2	10	2
毒死蜱	2	3	3	1	2	11	2
烯酰吗啉	2	2	3	2	2	11	2
多菌灵	2	3	2	2	2	11	2
福美双	2	3	3	1	2	11	2
嘧霉胺	2	3	3	2	2	12	3
异菌脲	2	3	3	1	2	11	2
虫酰肼	2	3	2	3	2	12	3
二甲戊灵	2	3	1	2	3	11	2
三乙膦酸铝	2	3	3	1	2	11	2
乙草胺	2	3	1	1	3	10	2
敌百虫	2	3	2	1	2	10	2

（续表）

有效成分	环境暴露分级（分值）					暴露水平总分值（*Texp*）	环境暴露级别（*EXP*sw）
	登记数量	用药量	用药次数	残留时间	使用方式		
灭蝇胺	2	2	3	3	2	12	3
烯草酮	2	2	1	1	2	8	2
四聚乙醛	2	3	2	2	2	11	2
嘧菌酯	1	2	3	2	2	10	2
氯虫苯甲酰胺	1	1	2	3	2	9	2
吡蚜酮	1	2	2	1	2	8	2
虫螨腈	1	2	2	4	2	11	2
氟啶虫酰胺	1	2	3	1	2	9	2

5.2.3.2 危害效应分级结果

高效氯氟氰菊酯、甲氨基阿维菌素苯甲酸盐、代森锰锌、百菌清、吡虫啉等蔬菜常用农药的水生生物危害效应分级主要参考欧盟 GHS 和日本 GHS 分级结果，见表 5.36。危害分级结果表明，HAZARDsw 属于 3 级的农药共 17 个，2 级的农药共 3 个，1 级的农药共 5 个。

表 5.36　水生生物危害效应分级结果

有效成分	欧盟 GHS	日本 GHS	危害分级 HAZARDsw
高效氯氟氰菊酯	急 1；慢 1	急 1；慢 1	3
甲氨基阿维菌素苯甲酸盐	—	急 1；慢 1	3
代森锰锌	急 1	急 1；慢 1	3
百菌清	急 1；慢 1	急 1；慢 1	3
吡虫啉	急 1；慢 1	—	3
敌敌畏	急 1	急 1；慢 1	3
毒死蜱	急 1；慢 1	急 1；慢 1	3
烯酰吗啉	慢 2	—	2

有效成分	欧盟 GHS	日本 GHS	危害分级 $HAZARD_{sw}$
多菌灵	急 1；慢 1	急 1；慢 1	3
福美双	急 1；慢 1	急 1；慢 1	3
嘧霉胺	慢 2	—	2
异菌脲	急 1；慢 1	急 1；慢 1	3
虫酰肼	慢 2	急 1；慢 1	3
二甲戊灵	急 1；慢 1	急 1；慢 1	3
三乙膦酸铝	—	—	1
乙草胺	急 1；慢 1	急 1；慢 1	3
敌百虫	急 1；慢 1	急 1；慢 1	3
灭蝇胺	—	—	1
烯草酮	慢 2	—	2
四聚乙醛	慢 3	—	1
嘧菌酯	急 1；慢 1	急 1；慢 1	3
氯虫苯甲酰胺	急 1；慢 1	—	3
吡蚜酮	慢 3	—	1
虫螨腈	急 1；慢 1	急 1；慢 1	3
氟啶虫酰胺	—	—	1

注：急 1 是指水生生物急性毒性 1 类；慢 1 是指水生生物慢性毒性 1 类；急 2 是指水生生物急性毒性 2 类；慢 2 是指水生生物慢性毒性 2 类；急 3 是指水生生物急性毒性 3 类；慢 3 是指水生生物慢性毒性 3 类。

5.2.3.3　定性风险评估结果

高效氯氟氰菊酯、甲氨基阿维菌素苯甲酸盐、代森锰锌等蔬菜常用农药地表水定性风险评估结果见表 5.37。通过对 25 种农药的危害分级结果与暴露分级结果确定 RC_{sw}，再根据 RC_{sw} 的分值确定每种农药的风险级别。

评估结果表明：按照风险从高到低排序，虫酰肼、敌百虫、敌敌畏、毒死蜱、乙草胺、高效氯氟氰菊酯、福美双、多菌灵、代森锰锌、百菌清、二甲戊灵、虫螨腈、异菌脲、吡虫啉、嘧霉胺、嘧菌酯、氯虫苯甲酰胺和甲氨基阿维菌素苯甲酸盐对水生生物高风险；烯酰吗啉、灭蝇胺和烯草酮对水生生物中风险；三乙膦酸铝、四聚乙醛、吡蚜酮和氟啶虫酰胺共 4 种农药对水生生物低风险。

表 5.37 蔬菜常用农药地表水定性风险评估结果

有效成分	危害分级	暴露分级	RC_{sw}	风险级别
高效氯氟氰菊酯	3	2	6	高风险
甲氨基阿维菌素苯甲酸盐	3	2	6	高风险
代森锰锌	3	2	6	高风险
百菌清	3	2	6	高风险
吡虫啉	3	2	6	高风险
敌敌畏	3	2	6	高风险
毒死蜱	3	2	6	高风险
烯酰吗啉	2	2	4	中风险
多菌灵	3	2	6	高风险
福美双	3	2	6	高风险
嘧霉胺	2	3	6	高风险
异菌脲	3	2	6	高风险
虫酰肼	3	3	9	高风险
二甲戊灵	3	2	6	高风险
三乙膦酸铝	1	2	2	低风险
乙草胺	3	2	6	高风险
敌百虫	3	2	6	高风险
灭蝇胺	1	3	3	中风险
烯草酮	2	2	4	中风险
四聚乙醛	1	2	2	低风险

（续表）

有效成分	危害分级	暴露分级	RC_{sw}	风险级别
嘧菌酯	3	2	6	高风险
氯虫苯甲酰胺	3	2	6	高风险
吡蚜酮	1	2	2	低风险
虫螨腈	3	2	6	高风险
氟啶虫酰胺	1	2	2	低风险

5.2.4　高级风险评估

5.2.4.1　物种敏感度拟合结果

经初级风险评估表明具有不可接受风险的农药需进行高级风险评估。在高级效应评估中，需使用多个物种的毒性终点进行 SSD 研究，以求出 HC_5 用于推导 $PNEC_{sw-h}$。SSD 研究采用的生态毒性数据终点有最少物种数量限制，分别基于测试生物的 $L(E)C_{50}$，结果表明，敌百虫、敌敌畏、毒死蜱、乙草胺、代森锰锌、百菌清、二甲戊灵共 7 种农药符合开展 SSD 研究关于最少物种数量限制的条件，LC_{50} 数据组均符合正态分布（图 5.2~图 5.8）。其余 14 个有效成分生态毒性数据不足以开展 SSD 分析。

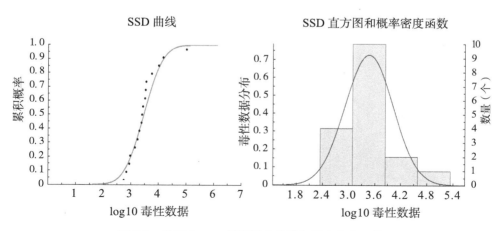

图 5.2　敌百虫 SSD 模型拟合曲线和概率密度函数

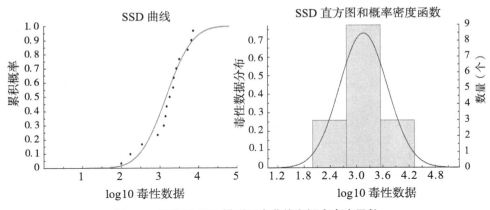

图 5.3   敌敌畏 SSD 模型拟合曲线和概率密度函数

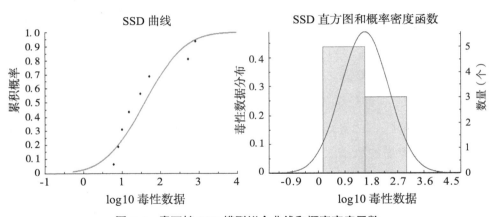

图 5.4   毒死蜱 SSD 模型拟合曲线和概率密度函数

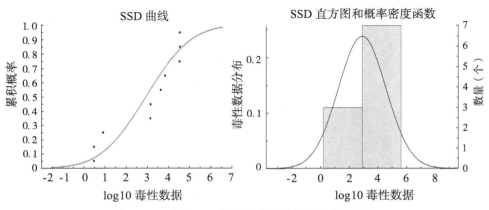

图 5.5   乙草胺 SSD 模型拟合曲线和概率密度函数

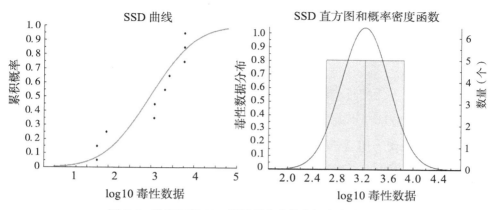

图 5.6 代森锰锌 SSD 模型拟合曲线和概率密度函数

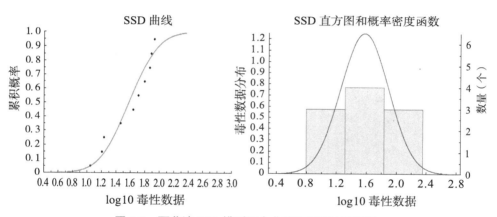

图 5.7 百菌清 SSD 模型拟合曲线和概率密度函数

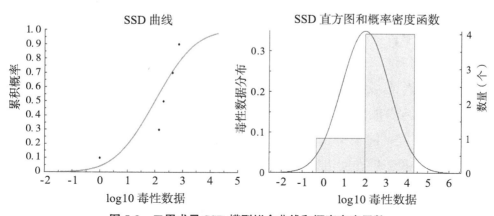

图 5.8 二甲戊灵 SSD 模型拟合曲线和概率密度函数

5.2.4.2 $PNEC_{sw-h}$ 推导结果

基于脊椎动物和初级生产者的 $L(E)C_{50}$，采用 SSD 方法分别计算 7 种农药的 HC_5。

敌百虫、敌敌畏、毒死蜱、代森锰锌、百菌清和二甲戊灵选择不确定因子 9，乙草胺选择不确定因子 3，按照 NY/T 2882.2—2016《农药登记　环境风险评估指南　第 2 部分：水生生态生物》的方法，推导每种农药的预测无效应浓度。结果表明，敌百虫、敌敌畏、毒死蜱、乙草胺、代森锰锌、百菌清、二甲戊灵共 7 种农药的 $PNEC_{sw-h}$ 值分别为 38.810μg/L、19.442μg/L、0.167μg/L、0.392μg/L、41.688μg/L、1.190μg/L 和 0.099μg/L，见表 5.38。

表 5.38　SSD 方法推导的 $PNEC_{sw-h}$ 值

有效成分	效应终点	效应值	不确定因子	$PNEC_{sw-h}$
敌百虫	HC_5	349.288	9	38.810
敌敌畏	HC_5	174.974	9	19.442
毒死蜱	HC_5	1.507	9	0.167
乙草胺	HC_5	1.175	3	0.392
代森锰锌	HC_5	375.195	9	41.688
百菌清	HC_5	10.710	9	1.190
二甲戊灵	HC_5	0.891	9	0.099

5.2.4.3　预测环境浓度估算结果

在水生生态系统的高级暴露分析中，应在模型模拟过程中选择接近实际情况的输入参数以获得高级 PEC 值。由于我国尚未开发蔬菜田地表水中农药环境浓度预测模型，因此使用 EPA 地表水预测模型 GENEEC 2 预测蔬菜田喷施农药后在周边地表水中的浓度。在初级暴露评估时输入的模型参数均为实测数据，且在环境归趋终点选择过程中进行了矫正以获得接近实际情况的典型参数，因此高级暴露评估时不再重新计算 PEC_{sw-h}。

5.2.4.4　风险评估结果

高级风险评估结果表明，按照风险从高到低排序，乙草胺、毒死蜱、百菌清、二甲戊灵、代森锰锌、敌百虫和敌敌畏按照正式登记用药剂量在蔬菜上使用均会对水生生物产生不可接受风险（$RQ > 1$），见表 5.39。

表 5.39　蔬菜用 7 种农药高级风险评估结果

有效成分	PEC_{sw-h}（μg/L）	$PNEC_{sw-h}$（μg/L）	RQ
敌百虫	65.46	38.81	1.69
敌敌畏	23.08	19.44	1.19
毒死蜱	10.77	0.17	64.32
乙草胺	35.49	0.39	90.62
代森锰锌	90.06	41.69	2.16
百菌清	67.16	1.19	56.44
二甲戊灵	3.38	0.099	34.13

5.2.5　农药生物富集性评估结果

开展了高效氯氟氰菊酯等蔬菜常用农药的生物富集性结果，见表 5.40。根据 NY/T 2882.2—2016《农药登记　环境风险评估指南　第 2 部分：水生生态生物》，农药有效成分 log Kow ≥ 3 的有高效氯氟氰菊酯、甲氨基阿维菌素苯甲酸盐、代森锰锌、百菌清、毒死蜱、嘧霉胺、虫酰肼、二甲戊灵、三乙膦酸铝、乙草胺、烯草酮、氯虫苯甲酰胺和虫螨腈共 13 个，其中满足 $BCF > 1\,000$ 的有效成分有 3 个，分别是高效氯氟氰菊酯、毒死蜱和二甲戊灵。3 个有效成分 14d 清除阶段的清除率均小于 95%，说明这 3 个有效成分因生物富集带来的风险不可接受，其余 22 个有效成分因生物富集带来的风险可接受。

表 5.40　BCF 模型预测及数据库查询结果

有效成分	SMILES 来源	log *Kow*	EPI Suite BCF（L/kg）	PBT Profiler BCF（L/kg）	HSDB BCF（L/kg）	INERIS BCF（L/kg）
高效氯氟氰菊酯	EPADSSTOX	6.85	1 063.00	1 100.00	2 240.00	1 096.00
甲氨基阿维菌素苯甲酸盐	EPADSSTOX	5.45	1 834.00	1 800.00	69.00	—
代森锰锌	EPADSSTOX	6.46	3.16	3.50	4.00	3.50
百菌清	EPADSSTOX	3.66	47.80	48.00	264.00	63.61
吡虫啉	EPADSSTOX	0.56	3.16	3.20	3.00	3.20
敌敌畏	EPADSSTOX	0.60	0.61	0.61	0.80	1.20
毒死蜱	EPADSSTOX	5.11	870.20	870.00	2 880.00	1 374.00
烯酰吗啉	EPADSSTOX	2.36	27.24	27.00	27.00	27.00
多菌灵	EPADSSTOX	1.55	4.68	4.70	3.50	2.49
福美双	EPADSSTOX	1.70	6.43	6.40	4.40	3.39
嘧霉胺	EPADSSTOX	3.19	34.74	35.00	31.00	31.00
异菌脲	EPADSSTOX	2.85	44.30	44.00	41.00	336.04
虫酰肼	EPADSSTOX	4.62	295.90	300.00	370.00	295.90
二甲戊灵	EPADSSTOX	4.82	1 216.00	1 200.00	5 100.00	5 100.00
三乙膦酸铝	EPADSSTOX	4.82	3.16	3.20	3.20	3.16
乙草胺	EPADSSTOX	3.37	46.37	46.00	250.00	20.00
敌百虫	EPADSSTOX	0.42	3.16	3.20	3.20	3.20
灭蝇胺	EPADSSTOX	0.96	3.16	3.20	3.00	3.16
烯草酮	EPADSSTOX	4.21	279.90	280.00	280.00	279.90
四聚乙醛	EPADSSTOX	0.85	3.16	3.20	3.20	11.00
嘧菌酯	EPADSSTOX	1.58	20.73	21.00	21.00	20.70
氯虫苯甲酰胺	EPADSSTOX	3.98	195.40	200.00	31.00	—
吡蚜酮	EPADSSTOX	0.89	3.16	3.20	3.00	3.16
虫螨腈	EPADSSTOX	5.51	714.20	710.00	114.00	714.20
氟啶虫酰胺	EPADSSTOX	0.50	3.16	3.20	3.00	—

5.2.6 讨论

5.2.6.1 蔬菜常用农药 $PNEC_{sw}$ 推导值与欧盟 $PNEC_{sw}$ 值比较分析

将推导出的蔬菜常用农药 $PNEC_{sw}$ 值与欧盟 $PNEC_{sw}$ 值进行比较，发现 $PNEC_{sw}$ 推导值与欧盟 $PNEC_{sw}$ 值一致或相当，见表 5.41。对两组数据进行皮尔逊（Pearson）相关性分析，结果表明两组数据的皮尔森相关系数大于 0.8，显著性（双尾）为 0.001，表明两组数据相关性极显著。

在全部 $PNEC_{sw}$ 推导值中，烯酰吗啉、乙草胺、吡蚜酮和氟啶虫酰胺 4 个有效成分的 $PNEC_{sw}$ 推导值与欧盟 $PNEC_{sw}$ 值一致；代森锰锌、百菌清、吡虫啉、多菌灵、嘧霉胺、异菌脲、虫酰肼、烯草酮、四聚乙醛、嘧菌酯和氯虫苯甲酰胺共 11 个有效成分 $PNEC_{sw}$ 推导值与欧盟 $PNEC_{sw}$ 值相当，即数值接近且在同一数量级。

高效氯氟氰菊酯、甲氨基阿维菌素苯甲酸盐、毒死蜱、福美双、二甲戊灵、三乙膦酸铝共 6 种有效成分 $PNEC_{sw}$ 推导值低于欧盟 $PNEC_{sw}$ 值，且存在一个数量级以上的偏差。分析了上述 6 个农药 $PNEC_{sw}$ 推导值与欧盟 $PNEC_{sw}$ 值存在偏差的可能原因，高效氯氟氰菊酯 $PNEC_{sw}$ 推导值为 0.000 29μg/L，而欧盟 $PNEC_{sw}$ 值为 0.010μg/L，二者相差 2 个数量级，但采用欧盟 $PNEC_{sw}$ 值对甲壳类生物（糠虾 LC_{50}（96h）=0.004 1μg/L）显然"欠保护"。为此，进一步调研了欧洲食品安全管理局推导的 $PNEC_{sw}$ 值为 0.000 354μg/L，与本研究高效氯氟氰菊酯 $PNEC_{sw}$ 推导值相当。

甲氨基阿维菌素苯甲酸盐的欧盟 $PNEC_{sw}$ 值对甲壳类生物（糠虾 LC_{50}（96h）=0.04μg/L）、毒死蜱对甲壳类生物（糠虾 LC_{50}（96h）=0.035μg/L）、福美双对鱼类（虹鳟鱼 $NOEC$=0.32μg/L）、二甲戊灵对藻类和鱼类（中肋骨条藻 $NOEC$=0.7μg/L；黑头呆鱼 LC_{50}（96h）=0.19）、三乙膦酸铝对藻类（中肋骨条藻 EC_{50}（7d）=840μg/L）等水生生物均"欠保护"或存在"欠保护"风险。因此，部分农药对应的欧盟 $PNEC_{sw}$ 值不宜采纳。

尽管我国 NY/T 2882.2—2016《农药登记 环境风险评估指南 第 2 部分：水生生态生物》和《化学物质风险评估导则》（征求意见稿）提出

了计算农药及化学物质 *PNEC* 的不同方法，但国内尚未有学者按照导则的方法推导常用农药的 *PNEC*。一些学者应用美国、欧盟等发达国家的方法推导农药 *PNEC*，如赵建亮、徐雄等利用 EPA 开发的 PBT Profiler 获得水生生物慢性数据，采用评估因子法，将外推因子定为 100，推导出莠去津（5.8μg/L）、乙草胺（2.9μg/L）、敌敌畏（0.16μg/L）、扑草净（1.1μg/L）和噁草酮（0.08μg/L）等农药的 *PNEC* 值。这种方法虽操作简单，在危害数据缺失的情况下，可以快速预测化学物质的危害效应。但这种方法也有弊端，因危害数据来源于 QSAR 模型，其数据可靠性大幅下降，推导的 *PNEC* 也不能较好的保护水生生物，如乙草胺和敌敌畏的 *PNEC* 对水生生物欠保护。

表 5.41　蔬菜常用农药水生生物预测无效应浓度

有效成分	中国 $PNEC_{sw}$（μg/L）	欧盟 $PNEC_{sw}$[1]（μg/L）
高效氯氟氰菊酯	0.000 29	0.010
甲氨基阿维菌素苯甲酸盐	0.008 8	0.033
代森锰锌	0.730	0.355
百菌清	0.700	1.000
吡虫啉	0.209	0.600
敌敌畏	0.000 7	0.000 01
毒死蜱	0.002 4	0.100
烯酰吗啉	5.600	5.600
多菌灵	0.320	0.150
福美双	0.070	2.400
嘧霉胺	2.000	7.700
异菌脲	1.300	6.600
虫酰肼	0.580	0.570
二甲戊灵	0.070	0.550
三乙膦酸铝	84.000	590.000
乙草胺	0.013	0.013

（续表）

有效成分	中国 $PNEC_{sw}$（μg/L）	欧盟 $PNEC_{sw}$[①]（μg/L）
敌百虫	0.001 8	0.000 56
灭蝇胺	6.200	—
烯草酮	390.000	190.000
四聚乙醛	776.600	750.000
嘧菌酯	2.590	3.300
氯虫苯甲酰胺	0.447	0.500
吡蚜酮	2.500	2.500
虫螨腈	0.070	—
氟啶虫酰胺	310.000	310.000

① 欧盟 $PNEC_{sw}$ 值均检索自 eChemPortal 数据库。

计算水生生态系统 PNEC 时，应满足两个假设条件。一是生态系统的敏感性由系统中最敏感物种表征；二是若生态系统结构受到保护，则功能就可以得到保护。在外推 PNEC 时，应在 3 个方面进行分析。

首先，在毒性终点选择方面，导则基于最坏情况假设（worsecase）选择"最敏感生物"外推 PNEC，而指南在推导 PNEC 值时规定"当同一物种具有多个毒性终点时取几何平均值"。这两种方法均有道理，前者外推的 PNEC 值更保守，其保护目标是水生生态系统中所有的水生生物；后者则更"现实"，因为真实的水生生态环境中，最坏情况可能不会发生，基于最敏感生物外推 PNEC 可能导致"过保护"。考虑到风险表征总是表现为"暴露值"与"效应阈值"的函数，因此 PNEC 应围绕"暴露值"进行选择，如果暴露值基于保守模型预测得到，那么 PNEC 应该使用保守的阈值，反之，如果暴露值更接近于实际环境赋存情况，那么过于保守的 PNEC 就不合时宜了。

其次，在受试物种选择方面，两个指南均未对水生生物物种选择提出具体要求，但是在选择受试物种时要有所取舍，尽可能地选择我国本土水生生物，这样更有实际意义，因此在外推 $PNEC$ 时舍弃了黑头呆鱼等非中国本土特有的外来物种。此外，本研究外推得到的 $PNEC$ 值全部基于国外数据库中水生生物毒性参数，如果应用我国驯养供试生物的试验数据修订本研究外推的 $PNEC$，可能会更有现实意义。

最后，在数据分析方面，所有引用的生态毒性数据均应有明确的测试终点、测试时间以及对测试阶段或指标的详细描述。如在测试时间选择方面，藻类急性毒性指标至少为 72h 以上的 EC_{50} 或 LC_{50}，水溞急性毒性指标采用 48h EC_{50} 或 LC_{50}，鱼类急性毒性指标采用 96h LC_{50}。

5.2.6.2 模型预测数据可靠性分析

通过实际监测获得的数据看似比模型预测数据更加可靠，但是事实却未必如此。这是因为化学分析一般是在样本上进行，而样本的采集往往是在特定环境中和特定时间下取得。因此，观察到的浓度反映了浓度随着空间和时间变化的情况。除非通过标准的采样方法和测试方法能够获得风险评估实施中所期望的"典型"浓度，否则实测数据极有可能会产生偏差。相比而言，模型预测浓度通常反映的正是"典型"浓度，因此环境中的浓度可以使用模型预测得到。与复杂的预测模型相比，简单的预测模型更应该得到广泛应用。因为模型越复杂，需要获得的数据越多，科研工作者的劳动强度越大，所需要的费用也越高，对结果的解释也变得更加复杂。此外，简单模型计算出来的结果更加容易进行风险交流，更好地服务于风险管理和决策。

在模型参数的选择方面，本研究采用了大量国外数据库中的数据，极大提高了模型预测的准确性和精确性。这是因为国外降解性试验普遍采用 OECD 测试导则中的方法，以土壤降解试验为例，发达国家采用放射性同位素（一般用 ^{14}C）在分子最稳定部位标记土壤中受试物，通过跟踪测定残留 ^{14}C 或受试物矿化率来测定降解作用。而国内则通过测定土壤中受试物的残留量，以得到受试物在土壤中的降解曲线，从而求得受试物在土壤中的降解半衰期。显而易见，OECD 测试导则中的方法获得的测试结果比我国测试导则中的方法得到的测试结果更精确。

由于我国并未开发北方蔬菜田地表水场景中农药环境浓度预测模型，因此本研究采用了 EPA 的地表水预测模型 GENEEC2 用于预测蔬菜田喷施农药后在周边地表水中的浓度。GENEEC2 模型假设一块 $10hm^2$ 农田在喷施农药后经过一次较大的降水，引起农药流失至附近一个面积为 $1hm^2$、水深为 2m 的池塘中（水体体积为 $20\ 000m^3$）。GENEEC2 模型输入参数少，使用方便，目前被广泛用于 TierI 水生生态风险评价。GENEEC2 模型预测结果通常比较保守，预测的地表水环境中的农药浓度往往高于实际环境浓度，目的是实现快速筛选有潜在环境风险的农药品种。在定量风险评估中，选择了保守峰值浓度作为暴露浓度，敌百虫、敌敌畏、毒死蜱、乙草胺、高效氯氟氰菊酯、福美双、多菌灵、代森锰锌、百菌清、二甲戊灵、虫螨腈、异菌脲、虫酰肼、吡虫啉、嘧霉胺、嘧菌酯、氯虫苯甲酰胺、烯酰吗啉、灭蝇胺、甲氨基阿维菌素苯甲酸盐、吡蚜酮显现出对水生生物的风险。但如果以 21d 和 90d 浓度作为暴露浓度，则甲氨基阿维菌素苯甲酸盐和灭蝇胺对水生生物的风险可接受，嘧霉胺、异菌脲、氯虫苯甲酰胺、代森锰锌、虫酰肼、烯酰吗啉和吡蚜酮的风险水平大幅下降。

5.2.6.3 定量风险评估和定性风险评估方法比较分析

定量风险评估和定性风险评估均可以较好地用于表征地表水环境风险。定量风险评估采用的是商值法，通过 *PEC* 与 *PNEC* 的比值来表征风险，优点在于可以精准评估每种有效成分的环境风险，缺点是需要基于大量的毒性参数数据和暴露场景信息，若通过试验和监测的方式获得相关数据，任务将是非常巨大的。定性风险评估则考虑各指标对污染物综合风险的贡献，并分别赋予其分值，优点是可以综合考虑各指标情况，缺点是由于其综合考虑危害和暴露因子，可能造成污染物风险被平均化。相比较而言，定性风险评估可以用于初级环境风险评估，而定量风险评估通常用于高级风险评估；在缺乏数据的情况下，可以开展定性风险评估，而掌握大量翔实的数据则建议开展定量风险评估。

研究结果表明，采用定量风险评估和定性风险评估对蔬菜常用农药进行水环境风险评估，均筛选出对水环境具有风险的农药 21 种。烯草酮和吡蚜酮 2 个农药品种采用两种风险评估方法得到了不同的结果。采用定量方法进行风险评估时，结果显示吡蚜酮在蔬菜上使用会对水生生物产生不可接受风险，而烯草酮对水生生物的风险则可接受；采用定性方法进行风险评估时，结果显示烯草酮对水生生物中等风险，而吡蚜酮对水生生物的风险极低。尽管出现这样的偏差，但是吡蚜酮定量风险评估结果 RQ_{sw} 仅为 1.460，是全部 21 种对水环境具有风险农药的 RQ_{sw} 值中最小的一个，采取适当的风险控制措施，RQ_{sw} 值也是最容易下降至 1 以下的农药品种，即对水生生物无风险或风险极低。同样，烯草酮的定性风险评估结果仅为中风险，如果风险控制措施适当，则对水生生物的风险也会降为低风险。风险评估的目的是风险管理，因此采用定性或定量的评估方法均可以较好的表征污染物对地表水的环境风险。

5.2.6.4　PBT Profiler 与 EPI Suite 预测结果的可靠性

EPI Suite 是由 EPA 和 SRC 公司共同开发的，包括了 17 个评估程序套件，可以对农药的理化参数、毒性参数进行预测。此外，它还可以估算农药在各环境介质中的分布情况，进而计算出农药有效成分在各环境介质中的半衰期。PBT Profiler 是 EPA 化学品安全和污染防治办公室（OCSPP）污染防治评估框架的延续，是一个快速筛选模型，可以预测物质的持久性、生物蓄积性和鱼类慢性毒性。

PBT Profiler 和 EPI Suite 均可以对农药的持久性、生物蓄积性和水生生物毒性进行预测，如 Kühne 等人利用 EPI Suite 预测了 293 种化学物质在水、空气和土壤中的半衰期，结果表明该模型具有较好的预测结果。Aronson 等人利用收集的实验数据检验了 EPI Suite 对生物降解半衰期的预测能力，结果表明其准确度高于 70%。可见，运用这两个模型开展农药 BCF 值预测在环境化学研究中得到了广泛的应用，预测值与试验值具有较好的相关性。

5.3　本章小结

推导高效氯氟氰菊酯、甲氨基阿维菌素苯甲酸盐、代森锰锌、百菌清、吡虫啉、敌敌畏、毒死蜱、烯酰吗啉、多菌灵、福美双、嘧霉胺、异菌脲、虫酰肼、二甲戊灵、三乙膦酸铝、乙草胺、灭蝇胺、敌百虫、烯草酮、四聚乙醛、嘧菌酯、氯虫苯甲酰胺、吡蚜酮、虫螨腈和氟啶虫酰胺的地表水 $PNEC_{sw}$，分别为 0.000 29、0.008 8、0.730、0.700、0.209、0.000 7、0.002 4、5.600、0.320、0.070、2.000、1.300、0.580、0.070、84.000、0.013、0.001 8、6.200、390.000、776.600、2.590、0.447、2.500、0.070、310.000μg/L，可以为我国蔬菜常用农药水生生态环境安全阈值的制定以及地表水环境风险评估提供依据。

GENEEC 模型计算结果表明，高效氯氟氰菊酯、甲氨基阿维菌素苯甲酸盐、代森锰锌、百菌清、吡虫啉、敌敌畏、毒死蜱、烯酰吗啉、多菌灵、福美双、嘧霉胺、异菌脲、虫酰肼、二甲戊灵、三乙膦酸铝、乙草胺、敌百虫、灭蝇胺、烯草酮、四聚乙醛、嘧菌酯、氯虫苯甲酰胺、吡蚜酮、虫螨腈和氟啶虫酰胺的 PEC_{sw} 分别为 0.252、0.022、90.06、67.16、4.71、23.08、10.77、26.52、109.93、52.93、38.83、44.84、13.42、3.38、30.12、35.49、65.46、16.10、0.469、70.47、33.88、2.94、3.65、2.56、2.32μg/L。

分别采用定量和定性两种风险评估方法对蔬菜常用农药进行水环境风险评估，结果表明，两种方法均可较好的用于水环境风险评估。其中，定量风险评估结果表明，敌百虫、敌敌畏、毒死蜱、乙草胺、高效氯氟氰菊酯、福美双、多菌灵、代森锰锌、百菌清、二甲戊灵、虫螨腈、异菌脲、虫酰肼、吡虫啉、嘧霉胺、嘧菌酯、氯虫苯甲酰胺、烯酰吗啉、灭蝇胺、甲氨基阿维菌素苯甲酸盐、吡蚜酮按照正式登记用药剂量在蔬菜上使用会对水生生物产生不可接受风险；三乙膦酸铝、烯草酮、四聚乙醛、氟啶虫酰胺对水生生物的风险可接受。定性风险评估结果表明，虫酰肼、敌百虫、敌敌畏、毒死蜱、乙草胺、高效氯氟氰菊酯、福美双、多菌灵、代森锰锌、百菌清、二甲戊灵、虫螨腈、异菌脲、吡虫啉、嘧霉胺、嘧菌酯、氯虫苯甲酰胺和甲氨基阿维菌素苯甲酸盐对水生生物具有高风险；烯酰吗啉、灭蝇胺和烯草酮对水生生物具有中风险；三乙膦酸铝、四聚乙醛、吡蚜酮和氟啶虫酰胺对水生生物风险极低。

开展了 7 种农药水环境高级风险评估，结果表明，乙草胺、毒死蜱、百菌清、二甲戊灵、代森锰锌、敌百虫和敌敌畏按照正式登记用药剂量在蔬菜上使用均会对水生生物产生不可接受风险。

开展了蔬菜常用农药生物富集性评估，结果表明，高效氯氟氰菊酯、毒死蜱和二甲戊灵因生物富集带来的风险不可接受，其余农药生物富集风险可接受。

第6章

蔬菜常用农药使用对地下水的风险评估

　　地下水与居民的关系十分密切，井水和泉水是农村居民日常饮用最多的地下水。大量研究表明，随着农药大面积施用于农田，我国地下水普遍受到不同程度的污染，如高存荣等对北京、辽宁等省市地下水检测发现 11 种农药残留超标，石建省等在华北平原地区地下水中检测到农药残留。据欧盟统计，每年因农药暴露导致的健康和经济损失约为 1 270 亿美元。地下水中检出的农药严重危害人体健康，已不容忽视。

　　我国农药地下水风险评估起步较晚，风险评估技术体系虽已初步建立，但是尚未在农药登记管理中大范围推广应用。美国是较早通过立法控制农药对地下水构成风险的国家之一。在 20 世纪 60 年代，美国监测发现井水中有农药残留，此后逐渐加强对地下水中农药残留的监测。80 年代中后期，美国在 24 个州的地下水中监测到涕灭威等 19 种农药，促使美国政府加强对地下水中农药的风险管理。1988 年，美国通过《联邦杀虫剂、杀菌剂和杀鼠剂法案》，明确要求对农药施用后通过淋溶途径对地下水构成的潜在风险进行评估。1996 年，美国修订了《生活饮用水安全法》，要求保护地下水等饮用水源，逐步制定饮用水中污染物的限量标准。同年，美国通过《食品质量保护法》，要求 EPA 开展农药地下水风险评估。近年来，EPA 充分运用农药地下水风险评估模型对美国已批准登记的上百种农药对地下水（饮用水源）的风险进行快速、定量风险评估。在进行农药地下水风险评估时，国际上通常采用分级的评估方法，即由初级风险评估向高级风险评估过渡。初级风险评估考虑的评估因子较少，经评估，如果人群直接饮用施用农药区域的地下水的健康风险可接受，则评估终止；一旦人体健康风险不可接受，则需要使用更复杂的模型或进行田间实测以获得更多的参数进行高阶风险评估，其评估结果更接近农药的实际应用情况。

国内尚未见对蔬菜常用农药施用后对施药地区地下水可能产生风险开展评估的研究。本章运用 China-Pearl 模型和 EPA 农药地下水初级暴露预测模型 SCI-GROW2.3 估算施用农药区域地下水中各个农药有效成分的 PEC_{gw}，参考 NY/T 2882.6—2016《农药登记　环境风险评估指南　第 6 部分：地下水》推荐的方法分别估算中国成人和各年龄段儿童预测无效应浓度，采用商值法开展中国人群直接饮用施用农药区域地下水的健康风险评估。本章旨在通过对常用农药进行人体健康危害识别和暴露评估，筛选出对我国蔬菜地施药区域地下水环境具有不可接受风险农药，为农药的科学管理提供参考。

6.1　研究方法

6.1.1　蔬菜常用农药在地下水中暴露浓度估算方法

6.1.1.1　数据来源

采用数据检索法，调查蔬菜常用农药理化数据和环境行为数据。数据全部来自第一类和第二类农药信息数据库，并按照第 3 章的筛选原则对数据进行评估。利用每种农药有效成分的 CAS 号进行检索，收集各数据库中收录的模型所需数据，并对数据做如下处理：有机化合物 Koc，获得的数据存在 3 倍以上差距的，采用最小值，其他情况采用中位数；土壤好氧降解半衰期获得少于 4 个数据，采用几何平均值，其他情况采用中位数。农药田间施用量和每季最多使用次数等信息检索自"农药信息网"，均为取得农药正式登记产品标签中标注的最大值。

6.1.1.2　模型参数设定

分别采用我国 China-Pearl 模型和 EPA 农药地下水浓度预测模型 SCI-GROW2.3 预测高效氯氟氰菊酯、甲氨基阿维菌素苯甲酸盐、代森锰锌、百菌清、吡虫啉、敌敌畏、毒死蜱、烯酰吗啉、多菌灵、福美双、嘧霉胺、异菌脲、虫酰肼、二甲戊灵、三乙膦酸铝、乙草胺、敌百虫、灭蝇胺、烯草酮、四聚乙醛、嘧菌酯、氯虫苯甲酰胺、吡蚜酮、虫螨腈和氟啶虫酰胺的 PEC_{gw}。使用 IBM SPSS Statistics 19.0 软件，分别对 China-Pearl 和 SCI-GROW2.3 模型预测值进行相关性分析。模型所需参数见表 6.1。

表 6.1　蔬菜常用农药输入参数

有效成分	摩尔质量（g/mol）	饱和蒸气压（Pa, 20℃）	水中溶解度（mg/L, 20℃）	施药量（lb/acre）	施药次数（次）	Koc（mL/g）	Kom（L/kg, 20℃）	土壤好氧降解半衰期（d）
高效氯氟氰菊酯	449.85	0.02×10^{-2}	0.005	0.02	3	59 677	34 615.43	26.80
甲氨基阿维菌素	1 008.30	0.004	24	0.003	2	25 000	14 501.16	76.70
代森锰锌	271.30	0.013	6.20	2.25	3	363	210.56	8.94
百菌清	265.91	0.076	0.81	2.14	4	900	522.04	20.00
吡虫啉	255.69	0.400	610	0.05	2	225	130.51	82.00
敌敌畏	220.98	2.100	18 000	0.85	2	27.5	15.95	1.87
毒死蜱	350.89	1.43	1.05	0.48	3	995	577.15	11.50
烯酰吗啉	387.86	0.99×10^{-3}	28.95	0.27	3	290	168.21	62.97
多菌灵	191.21	0.09	8	1.34	2	287.5	166.76	40.00
福美双	240.44	0.023	30	0.94	3	676	392.11	10.25
嘧霉胺	199.11	1.10	121	0.50	3	835	484.34	65.40
异菌脲	330.17	0.05×10^{-2}	12.2	0.67	3	700	406.03	20.49
虫酰肼	352.47	0.003	0.83	1.16	2	35 000	2 0301.62	100.00
二甲戊灵	281.31	1.94	0.33	0.66	1	6 500	3 770.30	48.55

（续表）

有效成分	摩尔质量（g/mol）	饱和蒸气压（Pa, 20℃）	水中溶解度（mg/L, 20℃）	施药量（lb/acre）	施药次数（次）	Koc（mL/g）	Kom（L/kg, 20℃）	土壤好氧降解半衰期（d）
三乙膦酸铝	354.10	100	111 300	2.57	3	20	11.60	0.06
乙草胺	269.77	0.022	282	1.09	1	98.5	57.13	4.60
敌百虫	257.44	1.04	120 000	1.07	2	6	3.48	5.20
灭蝇胺	166.18	0.45×10^{-3}	13 000	0.19	3	81	46.98	123.26
烯草酮	359.92	0.01	5 450	0.08	1	8 000	4 640.37	1.73
四聚乙醛	176.21	4.400	188	0.67	2	60.4	35.03	60.00
嘧菌酯	403.40	0.11×0^{-6}	6.70	0.30	3	427	247.68	68.59
氯虫苯甲酰胺	483.15	0.63×10^{-8}	1.02	0.04	2	354	205.34	146.97
吡蚜酮	217.23	0.42×10^{-2}	270	0.11	2	1 049	608.47	4.60
虫螨腈	407.62	0.98×10^{-2}	0.11	0.16	2	10 000	5 800.46	239.79
氟啶虫酰胺	229.16	0.94×10^{-3}	5 200	0.07	3	19	11.02	1.10

6.1.2 蔬菜常用农药危害效应评估方法

从 GB 2763—2014《食品中农药最大残留限量》中获得农药 ADI，从《中国人群暴露参数手册》中分别获得成人和儿童暴露参数。参考 WHO 安全饮用水标准和 NY/T 2882.6—2016《农药登记 环境风险评估指南 第 6 部分：地下水》的方法，按公式 6.1 分别计算成人和儿童 $PNEC_{gw}$：

$$PNEC_{gw} = \frac{ADI \times BW \times P}{C} \qquad (6.1)$$

式中，PNEC——预测无效应浓度，单位为 mg a.i. /L；

ADI——每日允许摄入量，单位为 mg/kg BW；

BW——体重，单位为 kg；

P——农药来自饮用水所占的 ADI 比例，单位为 %，其中成人和 3 岁以上儿童默认值为 20%，3 岁以下婴幼儿默认值为 80%；

C——每日饮用水消费量，单位为 L。

6.1.3　蔬菜常用农药使用对地下水的风险表征

在获得暴露剂量和效应评估结果后，用 RQ_{gw} 对蔬菜常用农药地下水环境风险进行表征，RQ_{gw} 按公式 6.2 计算：

$$RQ_{gw} = \frac{PEC_{gw}}{PNEC_{gw}} \qquad (6.2)$$

式中，　RQ_{gw}——风险商值；

PEC_{gw}——地下水中农药有效成分预测环境浓度，mg a.i. /L；如果 $RQ_{gw} \leqslant 1$ 风险可接受；如果 $RQ_{gw} > 1$，则表明风险不可接受。

6.2　结果与讨论

6.2.1　模型计算结果

分别运用 China-Pearl 和 SCI-GROW2.3 模型预测了高效氯氟氰菊酯、甲氨基阿维菌素苯甲酸盐、代森锰锌等 25 种农药在施药区域地下水中的 PEC_{gw}，见表 6.2。

表 6.2　China-Pearl 和 SCI-GROW2.3 模型预测结果

有效成分	PEC_{gw} (μg/L) China-Pearl （同心市）	China-Pearl （乌鲁木齐市）	SCI-GROW2.3
高效氯氟氰菊酯	0.000	0.000	0.036×10^{-2}
甲氨基阿维菌素苯甲酸盐	0.000	0.000	0.036×10^{-3}

（续表）

有效成分	PEC_{gw} (μg/L) China-Pearl（同心市）	China-Pearl（乌鲁木齐市）	SCI-GROW2.3
代森锰锌	0.000	0.000	0.129
百菌清	0.000	0.000	0.276
吡虫啉	0.072	0.453	0.048
敌敌畏	0.000	0.325×10^{-3}	0.336×10^{-2}
毒死蜱	0.004×10^{-3}	0.066×10^{-3}	0.026
烯酰吗啉	0.180	0.594	0.204
多菌灵	0.059	0.295	0.428
福美双	0.000	0.000	0.053
嘧霉胺	0.007×10^{-3}	0.389×10^{-3}	0.128
异菌脲	0.000	0.000	0.079
虫酰肼	0.000	0.000	0.014
二甲戊灵	0.494×10^{-3}	0.002	0.585×10^{-2}
三乙膦酸铝	0.000	0.000	0.823×10^{-3}
乙草胺	0.000	0.000	0.449×10^{-2}
敌百虫	0.189	0.189	0.011
灭蝇胺	18.068	18.340	1.320
烯草酮	0.000	0.000	0.238×10^{-4}
四聚乙醛	0.579	0.456	1.600
嘧菌酯	0.026	0.156	0.164
氯虫苯甲酰胺	0.231	0.499	0.034
吡蚜酮	0.000	0.000	0.795×10^{-3}
虫螨腈	0.000	0.000	0.002
氟啶虫酰胺	0.000	0.000	0.277×10^{-3}

China-Pearl 预测结果表明，高效氯氟氰菊酯等蔬菜常用农药的 PEC_{gw} 范围为 0~18.340μg/L，而 SCI-GROW2.3 预测结果为 0.238×10^{-4}~1.600μg/L。尽管 China-Pearl 和 SCI-GROW2.3 预测值范围不同，但两个模型预测结果趋势基本一致，见图 6.1。

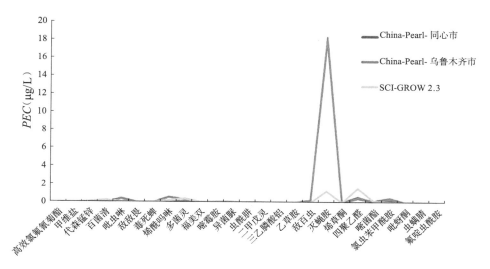

图 6.1　China-Pearl 和 SCI-GROW2.3 模型预测结果趋势图

使用 SCI-GROW2.3 预测得到的蔬菜常用农药的 PEC_{gw} 中有 20 个数值高于 China-Pearl 的预测结果，说明在多数情况下，SCI-GROW2.3 模型预测结果更为保守。为了评估 China-Pearl 和 SCI-GROW2.3 模型预测结果之间的相关关系，对二者进行了皮尔逊相关性分析，结果表明，两个模型预测值的皮尔逊相关系数大于 0.6，显著性（双尾）为 0.001，表明两个模型预测结果相关性极显著。

6.2.2　效应评估结果

6.2.2.1　成人效应评估结果

根据《中国人群暴露参数手册（成人卷）》中获得的中国人群暴露参数推荐值，推导得到高效氯氟氰菊酯等蔬菜常用农药对中国成人健康危害效应值，评估结果见表 6.3。结果表明，高效氯氟氰菊酯等蔬菜常用农

$PNEC_{gw}$ 为 0.003~19.654 mg/L，其中，甲氨基阿维菌素苯甲酸盐对中国成人最敏感，$PNEC_{gw}$ 值为 0.003 mg/L。

表 6.3　成人效应评估结果

有效成分	ADI（mg/kg BW）	成人 $PNEC_{gw}$（mg/L）
高效氯氟氰菊酯	0.02	0.131
甲氨基阿维菌素苯甲酸盐	0.000 5	0.003
代森锰锌	0.03	0.197
百菌清	0.02	0.131
吡虫啉	0.06	0.393
敌敌畏	0.004	0.026
毒死蜱	0.01	0.066
烯酰吗啉	0.20	1.310
多菌灵	0.03	0.197
福美双	0.01	0.066
嘧霉胺	0.20	1.310
异菌脲	0.06	0.393
虫酰肼	0.02	0.131
二甲戊灵	0.03	0.197
三乙膦酸铝	3.00	19.654
乙草胺	0.02	0.131
敌百虫	0.002	0.013
灭蝇胺	0.06	0.393
烯草酮	0.01	0.066
四聚乙醛	0.01	0.066
嘧菌酯	0.20	1.310
氯虫苯甲酰胺	2.00	13.103
吡蚜酮	0.03	0.197
虫螨腈	0.03	0.197
氟啶虫酰胺	0.025	0.164

6.2.2.2　儿童效应评估结果

根据《中国人群暴露参数手册（儿童卷）》中获得儿童暴露参数推荐值，推导得到高效氯氟氰菊酯等农药对中国不同年龄阶段儿童的健康危害效应值，见图 6.2。

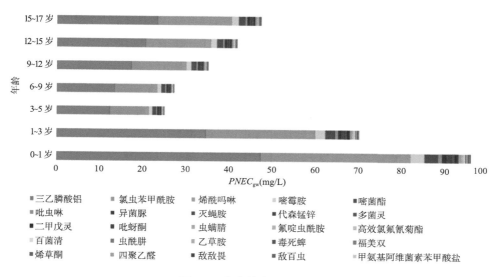

图 6.2　儿童效应评估结果

WHO 饮用水质量标准明确提出，应关注敏感人群的健康风险。儿童是敏感人群，农药对成人安全并不意味着对儿童也安全，开展蔬菜常用农药对中国不同年龄阶段儿童的效应评估是十分必要的。将中国儿童按年龄由低到高分为 7 个年龄阶段，分别推导得到高效氯氟氰菊酯等农药对儿童健康危害效应值 175 个。其中，0~1 岁年龄段婴幼儿 $PNEC_{gw}$ 最高，范围为 0.008~47.196mg/L，3~5 岁年龄段儿童 $PNEC_{gw}$ 最低，范围为 0.002~12.308mg/L，儿童在 5 岁以后至 18 岁，随着年龄的增长，$PNEC_{gw}$ 值也逐渐升高。

6.2.3　风险评估结果

经评估，高效氯氟氰菊酯等蔬菜常用农药对成人和儿童 RQ_{gw} 值均小于 1，即蔬菜常用农药按照登记用量使用，成人和儿童直接饮用施药区域地下水的健康风险可接受。根据《农药登记环境风险评估指南》，不需要通过监测获得实测数据开展高级风险评估，见表 6.4。

表 6.4 蔬菜常用农药地下水定量风险评估结果

有效成分	成人 RQ_{gw}	儿童 RQ_{gw}						
		0~1 岁	1~3 岁	3~5 岁	6~9 岁	9~12 岁	12~15 岁	15~17 岁
高效氯氟氰菊酯	<1	<1	<1	<1	<1	<1	<1	<1
甲氨基阿维菌素苯甲酸盐	<1	<1	<1	<1	<1	<1	<1	<1
代森锰锌	<1	<1	<1	<1	<1	<1	<1	<1
百菌清	<1	<1	<1	<1	<1	<1	<1	<1
吡虫啉	<1	<1	<1	<1	<1	<1	<1	<1
敌敌畏	<1	<1	<1	<1	<1	<1	<1	<1
毒死蜱	<1	<1	<1	<1	<1	<1	<1	<1
烯酰吗啉	<1	<1	<1	<1	<1	<1	<1	<1
多菌灵	<1	<1	<1	<1	<1	<1	<1	<1
福美双	<1	<1	<1	<1	<1	<1	<1	<1
嘧霉胺	<1	<1	<1	<1	<1	<1	<1	<1
异菌脲	<1	<1	<1	<1	<1	<1	<1	<1
虫酰肼	<1	<1	<1	<1	<1	<1	<1	<1
二甲戊灵	<1	<1	<1	<1	<1	<1	<1	<1
三乙膦酸铝	<1	<1	<1	<1	<1	<1	<1	<1
乙草胺	<1	<1	<1	<1	<1	<1	<1	<1
敌百虫	<1	<1	<1	<1	<1	<1	<1	<1
灭蝇胺	<1	<1	<1	<1	<1	<1	<1	<1
烯草酮	<1	<1	<1	<1	<1	<1	<1	<1
四聚乙醛	<1	<1	<1	<1	<1	<1	<1	<1
嘧菌酯	<1	<1	<1	<1	<1	<1	<1	<1
氯虫苯甲酰胺	<1	<1	<1	<1	<1	<1	<1	<1
吡蚜酮	<1	<1	<1	<1	<1	<1	<1	<1

（续表）

有效成分	成人 RQ_{gw}	儿童 RQ_{gw}						
		0~1 岁	1~3 岁	3~5 岁	6~9 岁	9~12 岁	12~15 岁	15~17 岁
虫螨腈	<1	<1	<1	<1	<1	<1	<1	<1
氟啶虫酰胺	<1	<1	<1	<1	<1	<1	<1	<1

6.2.4　讨论

根据 NY/T 2882.6—2016《农药登记　环境风险评估指南　第 6 部分：地下水》，农药初级风险评估一般使用计算毒理学模型预测地下水暴露浓度。针对每一种农药开展地下水监测获得环境浓度耗时费力，借鉴预测模型进行暴露分析可以大大提高评估效率。2016 年我国颁布实施的 NY/T 2882.6—2016《农药登记　环境风险评估指南　第 6 部分：地下水》推荐 TOP-RICE 和 China-Pearl 两个预测模型，TOP-RICE 模型采用中国"南方水稻田"场景，而 China-Pearl 模型则采用的是中国"北方旱作"场景信息，两个模型嵌入了我国多年的土壤、气象等数据，并构建了 6 个具有代表性的场景点，为我国农药暴露评估提供了重要的技术支撑。虽然 China-Pearl 模型可以用于北方旱作蔬菜田用药暴露评估，但现阶段 China-Pearl 模型也存在不足，如内嵌的场景点相关参数仅能代表北方旱田，并不能用于预测南方旱田，因此该模型在预测其他种类蔬菜用药暴露浓度或预测南方旱作用药区域的地下水 PEC_{gw} 时存在局限性，该模型内核还需要进一步扩充南方典型场景点的土壤、气象等参数，以满足蔬菜用药风险评估的客观需求。SCI-GROW 模型是 EPA 农药管理部门开展农药地下水定量风险评估的重要模型，它以土壤好氧半衰期（DT_{50}）和有机化合物 Koc 为自变量进行经验线性回归，被大量学者和机构广泛使用。农药地下水风险评估往往基于"最坏情况假设"，SCI-GROW 模型其基础数据来源于美国典型农药地下水脆弱性的监测点，并由较高的土壤剖面砂含量、较低的土壤有机质含量和黏土含量、充足的淋溶水量以及较浅的地下水位构成，可见，模型预测结果极其保守，在数量级上远高于实际监测数据。有学者利用 SCI-GROW 模型预测了我国福建省甘蔗种植区 5 种常用农药地下水环境风险，并将预测结果与实测结果进行比较，发现两者具有较好的相关性。SCI-GROW 模型也存在一定的局限性，它由美国地下水监测数据回归而成，反映的是美国地下水中的农药情况。

相比较复杂的模型，在初级风险评估时科研人员更倾向于选择简单模型，因为模型越复杂，所需要的数据和参数就越多，劳动强度也越大，成本也越高，对结果的解释越复杂，而使用简单模型，输入变量少，预测结果可以更好地用于风险沟通。SCI-GROW 模型在美国有十余年的应用历史，其预测结果与 China-Pearl 模型相比趋势基本相同，且多数情况下预测值更为保守。同时 SCI-GROW 模型需要的参数更少，使用更便捷，借鉴 SCI-GROW 模型预测我国蔬菜用药地区地下水环境浓度可以为我国高通量农药地下水初级风险评估及模型的开发研究提供一个可供比较的新视角。只有当农药经初级风险评估后被认为有不可接受风险时，才需进行高级风险评估。在高级暴露分析时需采用优化的环境暴露模型参数、更接近实际情况的半田间试验数据，对已广泛使用的农药应实际监测数据获得地下水中的环境浓度。

在计算 PNEC 时，WHO 制定的默认参数与我国标准中制定的略有不同。WHO 饮用水质量标准在计算指导值时，分别制定了成人和儿童的体重（BW）默认值，即成人 60kg、儿童 10kg、婴儿 5kg；P 值的选择范围为 20%~80%；日饮水量值（C）的默认值为成人 2L、儿童 1L、婴儿 0.75L。我国 NY/T 2882.6—2016《农药登记　环境风险评估指南　第 6 部分：地下水》尽管参考 WHO 饮用水质量标准中的方法计算 $PNEC$ 值，但仅制定了成人体重默认值 63kg、P 默认值 20% 以及日饮水量值默认值 2L，并未制定儿童上述三个参数的默认值。而本研究在计算 $PNEC$ 时，采用了环境保护部发布的《中国人群暴露参数手册》中的成人和不同年龄段儿童的暴露参数，成人和儿童（3 岁以上）的 P 值采用 20%，但是婴幼儿（3 岁以下）则用了 80%，计算得到的成人和儿童 $PNEC$ 可以为科学的农药环境管理提供参考。

日饮水量是地下水风险评估的关键因子。尽管季节性的每日饮水量在我国不同地区有显著差异，特别是在炎热气候中从事体力劳动的人群，看起来可能需要调整每日饮水量。但是对于绝大多数农药而言，相比于毒理学数据的不确定性，饮用水摄入量变化引起的不确定性是非常有限的，因此，没有必要按区域调整每日饮水量。

具有挥发性的农药可以从水中挥发到大气中，对于这类农药，吸入可能成为一个重要的接触途径。一些农药也可能被皮肤吸收，因此洗澡的过程也是暴露途径之一，但这些通常都不是人体摄入的主要来源。例如，对于极易挥发的物质，一般校正因子仅为正常情况下暴露的一倍，这远小于推导 $PNEC$ 时采用的不确定系数，因此，在农药地下水风险评估中过度渲染这些不确定性是没有必要的。当然，如果在农村地区，当某些农药具有极高的挥发性，而居民居住的室内环境通风效果极差，同时村民具有极高的淋浴或洗澡的频率时，也可以对本文推导的 $PNEC$ 值进行适当调整。

当多种农药均可对地下水造成污染时，只需计算单个农药的 $PNEC$，并不需要考虑它们之间潜在的互作关系。这是因为大多数农药间的协同作用往往是具有选择性的，且协同作用非常有限，特别是当农药喷施后，经淋溶途径进入地下水中的浓度通常在非常低的水平。推导 $PNEC$ 过程中，在选择不确定因子时已经充分考虑了不同农药间的潜在互作作用。此外，大多数农药淋溶到地下水中的浓度也并不会连续的超过安全阈值或接近指导值。

6.3 本章小结

利用 China-Pearl 和 SCI-GROW2.3 预测了高效氯氟氰菊酯等 25 种农药在地下水中的 PEC_{gw}。China-Pearl 预测结果表明，按照登记用药量施药，蔬菜常用农药的 PEC_{gw} 范围为 0~18.340μg/L，而 SCI-GROW2.3 预测的结果则为（0.238×10^{-4}）~1.600μg/L。首次按照《中国人群暴露参数手册（成人卷）》中的参数推导了蔬菜常用农药中国成人 $PNEC_{gw}$ 值，范围为 0.003~19.654mg/L。按照《中国人群暴露参数手册（儿童卷）》中的参数推导出中国不同年龄阶段儿童 $PNEC_{gw}$ 值 175 个。其中，0~1 岁年龄段婴幼儿 $PNEC_{gw}$ 最高，3~5 岁年龄段儿童 $PNEC_{gw}$ 最低，儿童在 5 岁以后至 18 岁，随着年龄的增长，$PNEC_{gw}$ 值也逐渐升高，两者呈正相关。

开展了中国成人和各年龄段儿童直接饮用施用农药区域地下水的健康风险评估。结果表明，蔬菜常用农药按照登记用量使用，对中国成人和儿童的健康风险均可接受。根据 NY/T 2882.6—2016《农药登记　环境风险评估指南　第 6 部分：地下水》，不需要通过监测获得实测数据开展高级风险评估。

第7章
蔬菜常用农药优先控制目录初筛及管控策略

7.1 国内外农药风险管控法规及监管体系

7.1.1 发达国家及国际组织农药管理情况

1962 年，美国著名研究鱼类和野生资源的海洋生物学家 Rachel Carson 的《寂静的春天》一书问世，描绘了"枯萎了湖上的蒲草，消匿了鸟儿的歌声"，大自然以死寂般的春天报复了人类。这是现代环境运动的肇始，标志着人类在认识自然方面开始了一个崭新时代，同时也直接对农药的滥用敲响了警钟。

在国际上，化学品的健全管理已成为各国实现可持续发展的必要条件，农药风险评估也成为世界各国关注的焦点。早在 2002 年约翰内斯堡及 2005 年纽约举行的首脑峰会上，各国元首和政府首脑对制定 SAICM 表示了认同。SAICM 总体目标是在化学品的整个生命周期内，对其实行健全的管理，以便最迟至 2020 年把化学品的使用和生产方式对人类健康和环境产生的重大不利影响降至最低水平。

美国是农药管理的起源地之一，农药风险评估由 EPA 负责开展。1938 年，EPA 颁布实施《联邦食品、药品和化妆品法》（FFDCA），该法规定在粮食和饲料中使用的农药必须制定农药 MRL。为了进一步加强对农药的风险管理，1947 年美国颁布了《联邦杀虫剂、杀菌剂和杀鼠剂法》（FIFRA），这是美国第一部农药管理专项法律，该法要求在美国销售和使用的农药必须登记。此外，EPA 还颁布实施了《农药登记和分类程序》《农药登记标准》《农药和农药器具标志条例》《农产品农药残留量条例》等一系列农药管理法规，加强了对美国农药登记、农药产品标签、农药销售经营许可和使用者使用执照、农药事故的处置与处罚等方面的管理。

为加强对农药的风险管理，欧盟颁布实施了"关于农作物保护产品上市销售的指令"（91/414/EEC），并授权 EFSA 管理农药风险评估。此后，在 91/414/EEC 指令框架下陆续颁布、修订了鸟类和哺乳动物、陆生生物和水生生物等工作指导书，指导欧盟各国开展农药环境风险评估。1998 年欧盟颁布"关于生物杀灭剂投放市场的指令"（98/8/EC），对杀生物药剂等上市销售和使用登记批准程序做出了规定。2005 年欧盟颁布 396/2005 法规，要求欧盟成员国使用统一的食品和农产品中农药的 MRL。此外，欧盟成员国还颁布了本国的农药管理法规，如瑞典颁布了《化学品管理法》《林地杀虫剂施用法》等农药管理法规。

日本也是较早通过立法，加强对农药管理的国家。1948 年，日本颁布了《农用化学物质管理法》，在该法的基础上，1992 年又推出了《农药取缔法》，同时配套制定了《农药取缔法实施细则》。日本对农药实施管理的部门主要是农林水产省和环境厅。

目前，许多国际组织也积极参与全球农药管理，比较有代表性的是 FAO、WHO、UNEP、FAO/WHO 联合工作组和 OECD。国际上与农药相关的国际公约主要有《关于持久性有机污染物的斯德哥尔摩公约》（POPs公约）、《关于在国际贸易中对某些危险化学品和农药采用事先知情同意程序的鹿特丹公约》（PIC 公约）、《关于消耗臭氧层物质的蒙特利尔议定书》（蒙特利尔议定书）和《控制危险废物越境转移及其处置巴塞尔公约》（巴塞尔公约）以及《劳工组织关于在工作场所使用化学品所涉安全问题的第 170 号公约》。此外，与农药风险管理相关的各项原则和指导性文件还有《斯德哥尔摩人类环境宣言》《关于环境与发展的里约宣言》《21 世纪议程》《联合国千年宣言》《关于化学品安全问题的巴伊亚宣言》《可持续发展问题世界首脑会议的执行计划》等。

7.1.2　我国农药管理法规体系

1982 年以前，尽管我国颁布了《化学农药调运交接办法》《农药质量管理条例》《农药安全使用标准》《农药工业管理暂行规定》等农药管理相关规定，但却没有农药管理专项法规，农药的生产和使用大多处于无监管状态。1982 年 4 月，我国颁布实施了《农药登记规定》，初步建立了农药登记制度。1997 年 5 月，《农药管理条例》正式颁布，这是我国第一部农药管理专项法规，标志着我国农药管理纳入法制化、规范化轨道。2006 年 4 月发布的《农产品质量安全法》规定："应当设立由有关方面专家组成的农产品质量安全风险评估专家委员会，对可能影响农产品质量安全的潜在危害进行风险分析和评估"。2015 年新修订的《食品安全法》明确指出"国家建立食品安全风险评估制度，对食品、食品添加剂中生物性、化学性和物理性危害进行风险评估"；同年实施的新《环境保护法》也提出"国家建立、健全环境与健康监测、调查和风险评估制度"，可见，国家将农药的风险评估写入基本大法，做出了顶层设计和总体部署。

近年来，随着我国农药工业的不断发展，部分高毒农药不断投入市场，给农产品质量安全和人民的人身安全带来重大隐患。为了维护广大人民群众身体健康，确保农产品质量安全和履行国际公约，农业部会同其他部委制定和公布了一系列高毒农药淘汰政策，并出台了配套实施方案（表 7.1）。采用政策引导、技术指导等措施积极支持农药企业开发生产低毒、环保的新产品。农业部第 194 号、第 199 号、第 274 号和第 322 号公告等有关规定拉开了国家管控高毒农药的序幕，这一系列规定坚决禁止了甲胺磷、甲基对硫磷等 30 余种高毒农药的使用，严格限制氧乐果、三氯杀螨醇等 20 余种农药在相关作物上的使用，在生产、使用和经营等各个环节上加大了对禁限用农药的监管力度。

表 7.1　我国农药禁限用法规汇总表

法规依据	颁布日期	有效成分名称	管理措施
农业部关于禁止在茶树上使用三氯杀螨醇的通知（农农发〔1997〕11 号）	1997 年 6 月 20 日	三氯杀螨醇	禁止在茶树上使用
农业部、化学工业部、全国供销合作总社关于停止生产、销售、使用除草醚农药的通知（农农发〔1997〕17 号）	1997 年 10 月 30 日	除草醚	停止生产、销售、使用除草醚
农业部关于禁止在茶树上使用氰戊菊酯的通知（农农发〔1999〕20 号）	1999 年 11 月 24 日	氰戊菊酯	禁止在茶树上使用
关于加强农药残留监控工作的通知	2000 年 7 月 12 日	甲胺磷、甲基对硫磷、对硫磷、久效磷、磷胺	停止批准新增登记。撤销甲基对硫磷和对硫磷在果树上使用的登记
农业部公告第 194 号	2002 年 4 月 22 日	甲拌磷、氧乐果、水胺硫磷、特丁硫磷、甲基硫环磷、治螟磷、甲基异柳磷、内吸磷、涕灭威、克百威、灭多威	停止受理新增登记。撤销氧乐果在甘蓝上，甲基异柳磷在果树上，涕灭威在苹果树上，克百威在柑橘树上，甲拌磷在柑橘树上，特丁硫磷在甘蔗上登记
农业部公告第 199 号	2002 年 5 月 24 日	六六六、滴滴涕、毒杀芬、二溴氯丙烷、艾氏剂、狄氏剂、汞制剂、杀虫脒、二溴乙烷、甘氟、毒鼠强、除草醚、砷、铅类、敌枯双、氟乙酰胺、氟乙酸钠、毒鼠硅	禁止使用
		甲胺磷、甲基对硫磷、蝇毒磷、地虫硫磷、氯唑磷、对硫磷、甲拌磷、甲基异柳磷、久效磷、磷胺、特丁硫磷、甲基硫环磷、治螟磷、涕灭威、灭线磷、内吸磷、克百威、硫环磷、苯线磷	不得用于蔬菜、果树、茶叶、中草药材上
		三氯杀螨醇、氰戊菊酯	不得用于茶树上

（续表）

法规依据	颁布日期	有效成分名称	管理措施
农业部公告第 274 号	2003 年 4 月 30 日	甲胺磷、对硫磷、甲基对硫磷、久效磷和磷胺	不得生产、销售混配制剂
		丁酰肼（比久）	不得在花生上使用含丁酰肼（比久）的农药产品
农业部等 9 部委《关于清查收缴毒鼠强等禁用剧毒杀鼠剂的通告》	2003 年 7 月 18 日	毒鼠强	禁止使用
农业部公告 第 322 号	2003 年 12 月 30 日	甲胺磷、对硫磷、甲基对硫磷、久效磷和磷胺	禁止使用。保留部分生产能力用于出口
农业部、国家工商行政管理总局、国家发展和改革委员会、国家质量监督检验检疫总局公告 第 632 号	2006 年 4 月 4 日	甲胺磷、对硫磷、甲基对硫磷、久效磷和磷胺	全面禁止在国内销售和使用
农业部公告 第 671 号	2006 年 6 月 13 日	甲磺隆、氯磺隆和胺苯磺隆	对含甲磺隆、氯磺隆和胺苯磺隆等除草剂产品实行管理措施
农业部公告 第 747 号	2006 年 11 月 20 日	含有八氯二丙醚的农药产品	撤销登记，停止销售
农业部公告 第 1133 号	2008 年 12 月 25 日	矿物油	加强矿物油农药登记管理
农业部、工业和信息化部、环境保护部公告 第 1157 号	2009 年 2 月 25 日	氟虫腈	除卫生用、玉米等部分旱田种子包衣剂外，在我国境内停止销售和使用用于其他方面的含氟虫腈成分的农药制剂
关于打击违法制售禁限用高毒农药规范农药使用行为的通知（农农发〔2010〕2 号）	2010 年 4 月 15 日	六六六、滴滴涕、毒杀芬、二溴氯丙烷、甲胺磷、甲基对硫磷、对硫磷、久效磷、艾氏剂、狄氏剂、汞制剂、砷类、铅类、杀虫脒、二溴乙烷、除草醚、敌枯双、氟乙酰胺、氟乙酸钠、毒鼠硅、甘氟、毒鼠强、磷胺	禁止生产、销售和使用

（续表）

法规依据	颁布日期	有效成分名称	管理措施
关于打击违法制售禁限用高毒农药规范农药使用行为的通知（农农发〔2010〕2号）	2010年4月15日	甲拌磷、特丁硫磷、甲基硫环磷、甲基异柳磷、治螟磷、克百威、涕灭威、灭线磷、蝇毒磷、地虫硫磷、氯唑磷、内吸磷、硫环磷、苯线磷	禁止在蔬菜、果树、茶叶、中草药材上使用
		氧乐果	禁止在甘蓝上使用
		三氯杀螨醇、氰戊菊酯	禁止在茶树上使用
		丁酰肼（比久）	禁止在花生上使用
		特丁硫磷	禁止在甘蔗上使用
		氟虫腈	除卫生用、玉米等部分旱田种子包衣剂外，禁止在其他方面的使用
农业部、环境保护部、工业和信息化部、国家工商行政管理总局、国家质量监督检验检疫总局（第1586号公告）	2011年6月15日	苯线磷、地虫硫磷、硫线磷、蝇毒磷、甲基硫环磷、磷化钙、磷化镁、磷化锌、杀扑磷、甲拌磷、甲基异柳磷、克百威、灭多威、治螟磷、特丁硫磷磷化铝、氧乐果、灭线磷、涕灭威、水胺硫磷、溴甲烷、硫丹	苯线磷、地虫硫磷、甲基硫环磷、磷化钙、硫线磷、蝇毒磷、磷化镁、磷化锌、治螟磷、特丁硫磷停止销售和使用
			撤销灭多威在柑橘树、苹果树、茶树、十字花科蔬菜，氧乐果、水胺硫磷在柑橘树，硫线磷在柑橘树、黄瓜，硫丹在苹果树、茶树，溴甲烷在草莓、黄瓜上的登记
农业部公告 第1744号	2012年3月26日	30%草甘膦水剂	停止受理和批准
农业部、工业和信息化部、国家质量监督检验检疫总局公告第1745号	2012年4月24日	百草枯	停止水剂在国内销售和使用

（续表）

法规依据	颁布日期	有效成分名称	管理措施
农业部公告 第 2032 号	2013 年 12 月 9 日	氯磺隆、胺苯磺隆、福美胂、福美甲胂、甲磺隆、毒死蜱和三唑磷	撤销氯磺隆、福美胂、胺苯磺隆、甲磺隆和福美甲胂的农药登记证，禁止在国内销售和使用；保留甲磺隆的出口境外使用登记
			撤销毒死蜱和三唑磷在蔬菜上的登记，禁止在蔬菜上使用
农业部公告 第 2289 号	2015 年 8 月 12 日	杀扑磷	禁止杀扑磷在柑橘树上使用
		溴甲烷、氯化苦	登记使用范围和施用方法变更为土壤熏蒸，撤销除土壤熏蒸外的其他登记。溴甲烷、氯化苦应在专业技术人员指导下使用
农业部办公厅关于征求对杀扑磷等 6 种高毒农药采取禁用限用措施意见的函（农办农函〔2015〕14 号）	2015 年 7 月 2 日	杀扑磷、甲拌磷、甲基异柳磷、克百威、氯化苦、溴甲烷	撤销甲拌磷、甲基异柳磷、克百威使用于甘蔗作物的农药登记，撤销杀扑磷使用于柑橘作物的农药登记。将溴甲烷、氯化苦农药登记的使用范围变更为土壤熏蒸。禁止杀扑磷、甲拌磷、氯化苦、甲基异柳磷、克百威、溴甲烷使用于蔬菜、瓜果、甘蔗、茶叶、中草药材等作物
农业部公告 第 2445 号	2016 年 9 月 7 日	三氯杀螨醇	2018 年 10 月 1 日起，全面禁止三氯杀螨醇销售、使用
		氟苯虫酰胺	2018 年 10 月 1 日起，禁止氟苯虫酰胺在水稻作物上使用

（续表）

法规依据	颁布日期	有效成分名称	管理措施
农业部公告 第2445号	2016年9月7日	克百威、甲基异柳磷、甲拌磷	2018年10月1日起，禁止克百威、甲拌磷、甲基异柳磷在甘蔗作物上使用
		磷化铝	对生产磷化铝农药产品内外双层包装及标签做出具体要求。2018年10月1日起，禁止销售、使用其他包装的磷化铝产品

　　我国农药管理起步于20世纪80年代，尽管我国对高毒农药实施了一系列管控措施，保护了环境和人民群众生命安全，但与传统高毒农药禁限用措施相比，我国对农药潜在的环境和健康风险估计不足。例如，目前我国禁限用的农药绝大多数为《鹿特丹公约》《斯德哥尔摩公约》管控农药，以及一些急性毒性较高的农药，并没有开展农药危害性筛查和风险评估，识别出可能对环境和人体健康具有风险的农药，并根据高风险农药的危害特性和暴露信息，实施针对性强的控制措施。20世纪中叶，以欧盟、美国、日本等为代表的发达国家和地区意识到农药风险管理的重要性，逐渐形成基于风险管控的农药管理决策体系。高风险农药的危害识别与风险评估也应该成为我家农药管理的主要方向，这主要包括3方面工作。一是建立农药原药及制剂危害特性及暴露信息收集机制，逐步构建我国农药危害信息和暴露参数数据库；二是针对我国生态环境系统特征，开展农药环境与健康危害筛查、暴露评估与全生命周期风险评估；三是动态发布优先控制农药目录、农药禁限用目录等，作为确定农药风险管理范围和制定管理措施的依据。

7.2　蔬菜用优先控制农药初筛

　　优先控制农药品种应具有健康和环境危害大、使用量大、用途广泛、抗性发展严重等特点，针对这些农药的危害特性和暴露程度，进行风险评估，对经风险评价后确认对人体健康和环境具有不可接受风险或抗性发展严重不可控，且替代品成熟并符合经济损益原则的农药，应逐步实施禁限措施。从危害性的角度，应针对具有较高健康和环境危害特性的有效成分（或原药）开展危害识别，例如，识别属于持久性有机污染物的农药（POPs）；具有持久性、生物蓄积性和毒性的农药（PBT）；具有极高持久性和极高生物蓄积性的农药（vPvB）；属于具有内分泌干扰特性的农药（EDCs）；属于具有致癌性、致突变性或生殖毒性的农药（CMR）；属于对鸟类高危害的农药；属于对蜜蜂高危害的农药；属于对水生生物高危害的农药等。从暴露程度的角度，登记数量、施药次数、施药剂量、施药方法、安全间隔期则是农药风险评估应参考的一些重要评价指标，如农药登记数量越多则农药可能的暴露量越大，潜在的风险则越高。

　　早期的农药风险评估及优先控制农药筛选技术通过比较毒性或农药施用量的大小来估计农药对环境的相对影响。然而，农药真正的风险并没有得到充分评估，也并没有考虑农药在环境中的归趋和转运特征及对非靶标生物的影响。之后，有学者将农药毒性危害参数与暴露参数相结合，评估农药的风险，并据此筛选出优先控制农药目录。为了评价农药对人类健康和生态环境的风险，并筛选出优先控制农药目录，Ronnie 开发了一套筛选方法，该方法既包括鱼类、蜜蜂、鸟类等生态毒性指标，又包括人体健康及哺乳动物毒性指标，还兼顾了农药的归趋特征及施药信息等暴露因子。

7.2.1　筛选方法

　　为了更好的评估蔬菜用农药对人体健康和生态环境带来的潜在风险，并筛选出优先控制农药目录，本研究参考了 Ronnie 的方法，将地表水、鸟类、蜜蜂、地下水的风险评估结果作为环境风险筛选因子（E），将 BCF、农药环境持久性等环境行为参数作为环境行为筛选因子（F），将暴露程度和 ADI 作为健康风险筛选因子（H）。基于本书前 6 章的评估结果，对于 4 个环境风险因子，经农药风险评估后有不可接受风险的，每有一项记 1 分，否则不计分；对于 2 个环境行为筛选因子，属于具有生物富集风险或具有高环境持久性的，每有一项记 1 分，否则不计分；对于 2 个健康风险因子，采用风险矩阵法（图 7.1），按照公式 7.1 进行加权赋分，ADI 赋分原则采用 Ronnie 的方法，EXP_{sw} 按照本书 5.1.2.1 的方法进行赋分。

$$H=EXP_{sw} \times ADI \qquad （7.1）$$

式中，　　H——农药健康风险因子；

　　　　　EXP_{sw}——环境暴露级别分值；

　　　　　ADI——每日允许摄入量，单位为 mg/kg 体重。

EXP_{sw} \ ADI	4	3	2	1
4	极高	极高	高	高
3	极高	高	高	中
2	高	高	中	中
1	高	中	中	低

赋分规则：极高 1 分、高 0.75 分、中 0.5 分、低 0.25 分

图 7.1　风险等级定性描述矩阵

蔬菜常用农药最终风险总分值（$Pscore$）按照公式 7.2 计算，总分数大于 1.25 的农药定为优先控制农药。

$$Psocre = \frac{\Sigma E_i = 4}{4} + \frac{\Sigma F_i = 2}{2} + \frac{\Sigma H_i = 1}{1} \qquad （7.2）$$

式中，$Pscore$——农药风险总分值；

　　　E——环境风险筛选因子；

　　　F——环境行为筛选因子；

　　　H——健康风险筛选因子。

7.2.2　筛选结果

基于本书前 6 章的评估结果，按照风险从高到低排序，敌百虫、敌敌畏、毒死蜱、乙草胺、高效氯氟氰菊酯、福美双、多菌灵、代森锰锌、百菌清、二甲戊灵、虫螨腈、异菌脲、虫酰肼、吡虫啉、嘧霉胺、嘧菌酯、氯虫苯甲酰胺、烯酰吗啉、灭蝇胺、甲氨基阿维菌素苯甲酸盐、吡蚜酮按照登记用量使用会对水生生物产生不可接受风险；吡虫啉、高效氯氟氰菊酯、敌敌畏等农药均会对蜜蜂产生不可接受风险，但是蔬菜常用农药对地下水的风险均可接受；高效氯氟氰菊酯、毒死蜱和二甲戊灵因生物富集带来的风险不可接受。高效氯氟氰菊酯、甲氨基阿维菌素苯甲酸盐、百菌清、毒死蜱、氯虫苯甲酰胺以及虫螨腈预测结果显示具有持久性。经筛选后，蔬菜常用农药按照分值从高到低排序，毒死蜱、高效氯氟氰菊酯、甲氨基阿维菌素苯甲酸盐、虫螨腈、敌敌畏、敌百虫、二甲戊灵被列入优先控制农药目录，见表 7.2。

表 7.2　蔬菜生产中优先控制农药列表

有效成分	E	F	H	Pscore
毒死蜱	0.75	1	0.25	2
高效氯氟氰菊酯	0.5	1	0.25	1.75
甲氨基阿维菌素苯甲酸盐	0.5	0.5	0.5	1.5
虫螨腈	0.75	0.5	0.25	1.5
敌敌畏	0.75	0	0.5	1.25
敌百虫	0.75	0	0.5	1.25
二甲戊灵	0.5	0.5	0.25	1.25

7.3　蔬菜用优先控制农药的风险管控策略

我国是农药生产和使用大国，农药的不合理使用可能对生态环境造成风险。然而农药的风险是一个相对的概念，即相对于人畜和有益生物的安全以及保障环境质量而言，农药的暴露量在一个可耐受的安全阈值以上才会对环境造成影响。这个安全阈值除了与农药本身的危害特性和暴露程度有关外，还受多年的土壤类型、温湿度以及气象等环境条件制约。农药风险管理的主要任务是根据农药的危害和暴露信息，科学的表征农药全生命周期对人体健康和环境带来的风险，筛选并确定优先控制农药品种，结合国内的管控现状及农事生产实际，采取降低风险的措施，从源头控制或减少这些农药进入市场。

对于蔬菜用高风险农药而言，主要有 3 点管控策略：禁止高风险农药的使用、避免使用优先控制农药和寻求更安全的替代品。所谓禁用策略通常是指由政府发布法律法规或政策以禁止某种农药的使用。规避策略是指政府机构或农药使用者自愿避免使用优先控制农药。替代策略更具有前瞻性，着眼于在未来对优先控制农药的替代，并且评估替代品或替代技术的健康和环境影响、成本以及替代技术潜在的效果。因为替代策略专注于替代优先控制农药，这种策略被称为"更安全的农药管控策略"。

7.3.1　禁用策略

20 世纪 70 年代，根据联邦杀虫剂法案的授权，EPA 禁止了高风险农药的登记和使用，如艾氏剂和狄氏剂、七氯、氯丹和十氯酮。80 年代后期，联合国汇编了一个含有 600 个化学品的名单，这些化学品在世界上一些国家被禁止或严重限制使用。在理想情况下，禁止或限制优先控制农药的使用是一项直接而有效的措施。然而，禁止策略有时候也面临着挑战。例如，禁止使用某种农药会使生产企业持有大量不再具有市场价值的库存；高风险农药合法市场被封闭，但需求仍然存在，这就会给非法制造和使用提供机会；突然禁用高风险农药可能导致农民施用并不成熟的替代品，这可能会导致伪劣产品的泛滥或不可预知的风险。

从全球范围看，比较成功的禁用策略案例之一是国际社会共同努力逐步淘汰《关于持久性有机污染物的斯德哥尔摩公约》中涉及的少部分高风险农药。然而，单一的农药禁用策略远远不够，往往还会做出妥协，如禁用 DDT 就引发了争议，尽管它会对非靶标生物造成严重危害，但在非洲抗击疟疾时，DDT 被公认是性价比最高的灭蚊杀虫剂。禁止策略也会产生问题，丁酰肼在美国被禁用就是一个很好的例子。20 世纪 70 年代，丁酰肼作为一种植物生长调节剂，被广泛用于苹果园以减少裂果并避免采前落果。到了 80 年代，EPA 开始研究丁酰肼的潜在致癌性，此后丁酰肼被撤销农药登记。禁用丁酰肼导致果园发生变化，为防止苹果落果，使得采摘季节缩短，果园工人被迫加快工作速度并延长工作时长。禁用丁酰肼也导致增加了果园里农药的使用量，这意味着工人们更有可能在农药残留量比较高的时候依然在果园中工作，所以他们接受的暴露剂量也就越大，而风险也就越高。因此，禁用策略不能操之过急，应该逐步实施，对高风险农药建立一个最佳的禁止或者限制的时间表是一个很好的办法。

7.3.2　规避策略

　　规避策略实际上是一种预防策略，重点是识别出高关注的农药，并尽量避免使用，从而达到源头预防的目的。制定优先控制农药目录是规避策略的重要手段，控制优先控制农药名录中的产品向环境的投放量可以减轻农药对人体健康和环境危害。优先控制农药目录通常应包括对人体健康和环境具有潜在风险的农药以及已被其他国家限制使用的化学品。许多国家或国际组织均制定了优先管控化学物质目录，如 EPA 发布了一个农药禁限用名单，丹麦环境部发布了 1 400 种有害物质的名单，EC 发布了高关注物质清单及已知或疑似的农药内分泌干扰物名单，EPA 废物减量计划中发布了包括二甲戊灵在内的 31 种具有持久性、生物蓄积性和毒性物质名单，国际癌症研究机构发布了国际公认的致癌物名单等。一旦某种高风险农药被纳入优先控制目录，农药生产企业或者农药施用者通过比对优控目录就能确定应避免使用的农药。同时，在新农药开发或合成过程中，也可以通过比对优控目录来研发新的有效成分。然而，实施规避策略并避开经识别被确认的优先控制农药也面临着诸多挑战，例如尽管不同国家优先控制农药名录中的有效成分会有交叉，但是这些名录有不同的判断标准，因此，依据危害特性而进行分类的农药可能在不同的名录中分别被划分不同的类别；优先控制目录需要动态的添加或剔除某种农药，新的风险信息可能导致无法预料的添加或删除等；规避策略虽然可以成功除去不受欢迎的农药，但是也忽略了对优先控制农药未来可能造成不良后果的全面评估。

7.3.3 替代策略

替代策略的重点是用更安全的农药或技术替代优先控制农药或降低他们的风险。这种策略的核心不是要消除优先控制农药，而是专注于识别优先控制农药的安全替代品或技术，同时思考如何替代他们。专注于替代的过程，是将优先控制农药的问题从问题导向转移到解决方案为导向的过程，这个过程是可以预期的，也为创新发明开启了机遇之门。斯德哥尔摩公约将替代称之为"当地可用、安全、有效和负担得起的取代"，如果一种农药被认为对环境或人类健康有风险，通过另一种农药或采取一些改进技术代替这种农药从而降低风险，那么这种替代应该实施。

优先控制农药的替代可以从有效成分、使用方式以及产品等方面入手。在有效成分水平，最简单的替代是用安全的有效成分替换不安全的有效成分，这种情况下，更安全的农药清单可能是有帮助的，例如，国家可以发布一份蔬菜用农药的推荐产品目录。当这种简单的"有效成分间的替代"不可行时的，优先控制农药仍然可以通过改变使用方式或规范使用程序被替代，例如，毒死蜱、虫螨腈、敌敌畏等农药风险评估结果表明，按照登记用量使用会对水生生物、鸟类和蜜蜂造成不可接受风险，蔬菜生产中使用这些农药应注意其对非靶标生物带来的危害，可以采取降低田间施用量、在农药标签中明确施药过程中的注意事项（如避免蜜源作物花期施药、施药时尽量远离水田等）、限定用途以及采用非化学的病虫害防治办法、提高施药者规范用药水平，加强施药者个人防护、改进施药器械和施药方法等手段来降低风险。在产品方面，可以通过设计实现优先控制农药的替代。这方面最重要的是要考虑含有关注类有效成分的产品功能。这个农药产品是必需的吗？是否有另一种方式来实现这个功能？例如，喷施的高风险农药是否可以改良成种衣剂，减少实际暴露剂量，从而降低农药的风险，实现病虫害防治的目的。

当优先控制农药的替代品或技术已经在市场上应用时，替代过程是想当简单的。当替代需要重大的工艺改进、等待新农药的研发或面临着相互矛盾的目标时，替代则是相当复杂和昂贵的。替代通常要权衡和平衡各方利益，从社会经济效益方面考虑，尽管一些高风险农药价格相对便宜，农民出于节省开支的角度不愿接受相对昂贵但对环境友好的替代产品。但从农药风险管理角度出发，高风险农药能够对人体健康和生态环境带来危害，这就会增加使用高风险农药带来的健康成本和环境成本，如施药者、消费者可能因接触高风险农药导致的健康花费，又如施用高风险农药导致的土壤、水体污染以及对非靶标生物造成伤害所带来的损失等，因此使用高风险农药的实际成本一般都被低估。根据 EPA 的经验，社会经济效益分析存在诸多不确定性，因为在分析过程中往往会高估可以货币化的因素，低估难以定价的健康和生态安全因素，此外分析还涉及太多假设、主观判断和无法量化的因素等。因此，社会经济效益分析不比农药风险评估容易，政府应该充分考虑淘汰或限制高风险农药的使用成本和社会效益。

替代最好被看作是一个分阶段的过程，可能涉及"过渡性农药"，这些农药与所替代的农药相比危害性较小但仍会呈现出一定的危害特性。分阶段替代可以为农药的安全使用和替代提供缓存时间和过渡性措施，是一种降低优先控制农药危害的较好策略。在为优先控制农药寻找更安全的替代品的过程中，避免将农药风险无意中转嫁给农民，也不在农药全生命周期的其他环境增加环境负担，这一点是非常重要的。

参 考 文 献

白雪媛，2017. 地下水中 82 种农药测试方法开发与应用［D］. 中国地质大
　　学（北京）.

贺莹莹，李雪花，陈景文，2014. 多介质环境模型在化学品暴露评估中的
　　应用与展望［J］. 科学通报（32）：3130-3143.

胡爽，1988. 美国地下水的农药污染［J］. 世界环境（4）：24-27.

环境保护部，2013. 中国人群暴露参数手册（成人卷）［M］. 北京：中国环
　　境出版社.

环境保护部，2015. 中国人群暴露参数手册（儿童卷）［M］. 北京：中国环
　　境出版社.

环境保护部，2016. 中国人群环境暴露行为模式研究报告（儿童卷）［M］.
　　北京：中国环境出版社.

李政禹，2010. 化学品 GHS 分类方法指导和范例［M］. 北京：化学工业出
　　版社.

彭勋，宋瑞琨，林琼芳，1995. 有机磷农药毒性预测模型研究［J］. 重庆环
　　境科学，17（3）：29-33.

邱建霞，2006. 磺酰脲类除草剂毒理学 QSAR 研究［D］. 长沙：湖南农业
　　大学.

申晓霞，2010. N- 硝基脲类化合物的合成、生物活性及其 3D-QSAR 研究
　　［D］. 武汉：华中农业大学.

王连生，2004. 有机污染化学［M］. 北京：高等教育出版社.

王雯，2011. 大棚黄瓜中有机磷农药的风险评估研究［D］. 扬州：扬州
　　大学.

王晓燕，尚伟，2002. 水体有毒有机污染物的危害及优先控制污染物［J］.
首都师范大学学报，23（3）：73-78.

温汉辉，祁士华，李杰，2009. 利用多介质模型研究有机氯农药的环境行
为［J］. 水文地质工程地质，36（6）：104-108.

文伯健，李文娟，程敏，2013. 美国环保署农药地下水风险评估模型［J］.
农业资源与环境学报，30（6）：68-73.

文伯健，李文娟，2014. China-PEARL 和 PRZM-GW 模型潍坊市场景农药
地下水风险评估研究［J］. 农业资源与环境学报，31（5）：401-410.

文伯健，2014. 不同农药地下水暴露模型的比较研究［D］. 北京：中国农
业科学院.

熊文兰，2004. 利用 PEARL 模型评价农药渗透对地下水的污染［D］. 重
庆：西南农业大学.

徐雄，李春梅，孙静，等，2016. 我国重点流域地表水中 29 种农药污染及
其生态风险评价［J］. 生态毒理学报，11（2）：347-354.

周军英，程燕，2009. 农药生态风险评价研究进展［J］. 生态与农村环境学
报，25（4）：95-99.

邹立，李永祺，1999. 用 QSAR 法研究有机磷农药对海洋扁藻的构效关系
［J］. 海洋与湖沼，30（2）：206-211.

张晓涛，陆愈实，杨丹，2016. 福建泉州湾有机氯农药的多介质迁移与归
趋［J］. 中国环境科学，36（7）：2146-2153.

钟珍梅，黄毅斌，李艳春，等，2017. 我国农业面源污染现状及草类植物
在污染治理中的应用［J］. 草业科学，34（2）：428-435.

赵欣，2017. 浅析中国农业面源污染防治研究现状与对策［J］. 中国农学通
报，33（33）：80-84.

周一明，赵鸿云，刘珊，等，2018. 水体的农药污染及降解途径研究进展
［J］. 中国农学通报，34（9）：141-145.

Aronson D，et al.，2006. Estimating biodegradation half-lives for use in chemical screening [J]. Chemosphere, 63 (11): 1953-1960.

Cohen S, 2000. Recent examples of pesticide assessment and regulation under FQPA [J]. Ground Water Monitoring & Remediation, 20 (1): 41-43.

Echemportal, 2015. Data bank of environmental properties of chemicals [J/OL]. http://wwwp.ymparisto.fi/scripts/Kemrek/Kemrek_uk.asp?Method=MAKECHEMdetailsform&txtChemId=289.

European Chemical Bureau, 2003. Technical guidance document on risk assessment in support of commission directive 93/67/EEC on risk assessment for new notified substances, commission regulation (EC) No 1488/94 on risk assessment for existing substances, and directive 98/8/EC of the European parliament and of the council concerning the placing of biocidal products on the market [R]. Luxembourg: Office for Official Publications of the European Communities.

European Commission, 1999. Study on the prioritisation of substances dangerous to the aquatic environment [R]. Luxembourg: Officefor Official Publications of the European Communities.

European Food Safety Authority, 2006. Conclusion regarding the peer review of the pesticide risk assessment of the active substance pyrimethanil [J]. EFSA Scientific Report (61): 1-70.

European Food Safety Authority, 2008. Conclusion regarding the peer review of the pesticide risk assessment of the active substance cyromazine [J]. EFSA Scientific Report (168): 1-94.

FAO/WHO, 2009. Data Sheets on Pesticides: WHO/PCS/DS/96.93: Metaldehyde [J/OL]. http://www.inchem.org/pages/pds.html.

Ferrando MD, et al., 1991. J Environ Sci Health B, 26 (5): 491-498, as cited in the ECOTOX database in 2006 [J/OL]. http://cfpub.epa.gov/ecotox/quick_query.htm.

Hussain, C. M., Saridara, et al., 2008, Carbon nanotubes as sorbents for the gas phase preconcentration of semivolatile organics in a microtrap [J]. Analyst（33）: 1076–1082.

INERIS, 2009. Global portal to information on chemical substances, valeur guide environnementale : Trichlorfon [J/OL]. http://www.ineris.fr/substances/fr/substance/1830.

INERIS, 2015. Global portal to information on chemical substances, valeur guide environnementale : Dichlorvos [J/OL]. http://www.ineris.fr/substances/fr/substance/786.

Suzuki Y, Yoshimura J, Katagi T, 2006. Aerobic metabolism and adsorption of pyrethroid insecticide imiprothrin in soil [J]. Journal of Pesticide Science, 31（3）: 322-328.

Tickner J, 2005. The delelopment of EASE model [J]. Ann Occup Hyp（49）: 103-110.

US Department of Interior, Fish and Wildlife Service, 1980. Handbook of acute toxicity of chemicals to fish and aquatic invertebrates [R]. Washington, DC（137）: 78-79.

US department of interior, fish and wildlife service, 1984. Handbook of acute toxicity of chemicals to fish and aquatic invertebrates [R]. Washington, DC（153）: 23.

US department of interior, fish and wildlife service, 1984. Handbook of toxicity of pesticides to wildlife [R]. Washington, DC（153）: 82.

US EPA, office of pesticide programs, 2006. Pesticide ecotoxicity database on phosphoric acid, 2,2-dichloroethenyl dimethyl ester（62-73-7）. As cited in the ECOTOX database [J/OL]. http://cfpub.epa.gov/ecotox/quick_query.htm.

US EPA, office of pesticide programs, 2007. Pesticide ecotoxicity database on

phosphorothioic acid, O,O-diethyl O-（3,5,6-trichloro-2-pyridinyl）ester
（2921-88-2）. As cited in the ECOTOX database［J/OL］. http://cfpub.epa.
gov/ecotox/quick_query.htm.

US EPA, OPP, EFED, 2011. Pesticide ecotoxicity database［J/OL］. http://
cfpub.epa.gov/ecotox/.

US EPA, OPP, 2007. N-Cyclopropyl-1,3,5-triazine-2,4,6-triamine（66215-
27-8）. Pesticide Ecotoxicity Database［J/OL］. http://cfpub.epa.gov/ecotox/
quick_query.htm.

US EPA, 1998. Guidelines for ecological risk assessment［R］. Risk Assessment
Forum, 63（93）: 26846-26924.

US EPA, 2001. GENEEC Users manual: Introduction to GENEEC Version 2.0
［J/OL］. http://www.epa.gov/oppefed/models/water/geneec2 users manual.
htm.